チーズの世界史

各国の歴史風土を凝縮した発酵食

Kogure Hiroshi
木樽 博

KAWADE夢新書

名だたるチーズはどんな文化のなかで発展したか◉はじめに

私が学生だった1960年代半ば頃、海外のチーズといえば、東京の高級スーパーマーケットに「サムソー」「マリボー」というデンマークのセミハードタイプなど数種が置いてあるぐらいだった。

その後、高度経済成長期のフレンチブーム、イタリアンブームを経て、数十年でたくさんの外国産チーズが輸入され、容易に入手できるようになった。

国産チーズでは、おなじみのプロセスチーズに加え、近年では、品質の高いナチュラルチーズの生産に取り組む意欲的な中小の工房が多数生まれている。日本のチーズの消費量も、一時、コロナ禍の影響はあったものの、おおむね右肩上がりで年々増加しており、日本人の生活にチーズが定着していることを実感する。

そんな今、もっといろいろなチーズを試してみたいという方もいるだろう。ひとつのとっかかりとして、世界史のなかで、どのチーズが、どんな風土で、どのように発展してきたのか、歴史上の出来事とからめながら知見を深め、チーズを選んだり楽しむのも一興だと思う。

私がチーズを本格的に勉強するようになったきっかけは、1990年代末、ソムリエ仲間と一緒にチーズとワインの相性を勉強する会をつくったことである。毎月、仲間同士で集まり、ワインとチーズを調達して勉強した。チーズの選定と調達は私が担当し、特徴などを調べては会のなかで報告し、毎月仲間で楽しんだ。

その後、私は2000年のチーズプロフェッショナル協会（略称C.P.A.）認定の第1回試験を受け、合格すると、翌年、チーズプロフェッショナル協会に呼ばれ、理事としての活動を開始した。

さまざまな活動をお手伝いさせていただいたが、協会発足当時から長く継続した「チーズの風味を探るセミナー」のサポート成果は、ジャパンチーズアワード（C.P.A.主催のコンテスト）の審査の基礎となり、現在につながっている。その後、チーズ資格の入門編に相当する「チーズ検定」を担当し、チーズの基本的知識の整理、各々のチーズの由来・歴史、入門時に必要な科学的知識などを整備し、検定試験を実施した。

2015年から始まった「C.P.A.大学」では、科学編、文化編などを通じて、幅広くチーズにかんする知識に触(ふ)れあえた。

また、２０００年以降に発生した、国産チーズの国際化の課題が出てきた際には、とくにヨーロッパの食品衛生規則などの調査研究などに集中した。

会社経営から退いたあと、フランスとイタリアの製造・販売現場の視察にたびたび出かけた。やはり現地で直接見聞きし、体感することは重要で、それまでの知識の確認・修正を行なうことができた。

ひとつ、興味深かった例を紹介する。フランス・イタリアの製造者は食べ方が2段階あった。まず、「基本的に外皮は食べない」。外皮は中身を守る役割であり、美味しい中身を味わって食べるのだそうだ。まさしく消費者の視点である。

次の段階で、製造者は「中身を守る外皮の出来を、ちょっと食べて確認する（飲みこむかどうかは人それぞれ）」。外皮の出来で中身が決まるため、とのことだ。これは製造者の視点である。しかし、チーズも嗜好品(しこうひん)であるため、皮を食べるかどうかは人任せにしている、とのコメントだった。たしかにそのとおりだ。

本書では、こうした私の活動を通して得た知識や先人の研究をまとめ、チーズがどのように生まれ、現在の名だたるチーズがどの国のどんな文化のなかで今日に至ったのかを解説した。宗教対立や革命、戦争とともにチーズは発達と衰退をくり返し、ときにドラマティックなストーリーをともなって今日に至っていることがわかるだろう。

最後の章では日本のチーズの歴史も取り上げた。チーズを食する文化が本格的に広がったのは戦後であり、世界的に見ればきわめて歴史が浅いにもかかわらず、短期間に特異な発展を遂げてきたことがわかる。

この本をきっかけに、より広く、より深くチーズを楽しんでいただければうれしく思う。

なお、本書に記した内容は、著者個人の見解であることを、あらかじめお断りしておきたい。

木樽　博

チーズの世界史／目次

1章

古代帝国の隆盛に寄与した「究極の栄養保存食」の誕生

2章

カトリック修道院の先導で欧州のチーズ文化が開花

3章 東方に伝わったチーズは遊牧民の躍進にも貢献した

4章 ヨーロッパが世界進出するなか、チーズの多様化が進む

5章

大量生産時代の訪れと揺れ動くチーズの未来

6章 独自に円熟への道を歩んだ日本のチーズ史

装幀◉こやまたかこ
口絵写真提供◉チーズプロフェッショナル協会
図版作成◉原田弘和
協力◉内藤博文

1章

古代帝国の隆盛に寄与した「究極の栄養保存食」の誕生

人類はいつ、どのようなかたちでチーズを手にしたか？

チーズの歴史は、じつに古い。おそらくは有史以前、人類が文明というものを初めて創造するかしないかという時代から、チーズがつくられてきた形跡がある。

北アフリカとヨーロッパ南部では、紀元前５０００年頃の土器が出土している。その土器は、チーズづくりに使われていたと推測されている。

ここでチーズの製法をごく簡単に説明すると、まずは牛や山羊（やぎ）、羊などの家畜から乳を絞り、乳を凝固（ぎょうこ）させる。この凝固させた凝乳（ぎょうにゅう）は「カード」と呼ばれる。カードを型詰めしたのち、カードから「乳清（にゅうせい）（ホエイ）」と呼ばれる水分を排出させる。続いて塩を加えたのち、熟成を待つと、チーズができあがる（場合によっては、熟成させないチーズもある）。

そして、北アフリカや南ヨーロッパで出土した古い土器は、乳清を除去するための土器であったと考えられているのだ。

チーズづくりは、アフリカや南ヨーロッパに限らず、古代から世界各地で始まっていたとしてもおかしくはないだろう。いまから5000年前、メソポタミア文明を築いていくシュメール人の残した石板には、チーズづくりの羊飼いのことが記されている。

人類が文明を築いていく過程で、チーズに到達するのは、ある意味で必然でもあったと考えられる。人類が牛や山羊、羊、豚など有蹄類の家畜を飼い始めたのは、紀元前8500年頃、最初は西アジアだったと推定されている。当初は食肉目当てであっただろうが、やがては家畜のミルクの味を覚えたのだろう。この家畜化の過程で偶然、チーズというものを口にすることになったのだ。

先にも述べたように、チーズづくりの工程は、乳を凝固させて「凝乳」にすることから始まるが、この凝乳化を促進するのが「レンネット（凝乳酵素）」である。乳に凝乳酵素が加わったときにチーズの原型ができるわけで、当初、それは偶然の発見であったのだろう。

チーズの起源については、あるアラビアの旅商人が、偶然、チーズを発見したという有名な物語（ナラティヴ）がある。

そのアラビア商人は、山羊の乳を旅の飲み物にしようとした。彼は山羊乳を羊の胃袋製の水筒に入れ、ラクダに乗って砂漠の旅に出たという。1日の旅を終え、山羊乳を飲もうと羊の胃袋でできた水筒を開けたところ、山羊乳は透明な液体と白い塊になっていた。この白い塊こそ、チーズだったのだ——。

　私は、この物語は後世の創作だと考えているが、それはともかく、牛や山羊、羊の胃袋にはレンネットがある。何らかの事故で死んでしまった子牛や子山羊を解体し、胃袋を開けると、そこにチーズができている。そのことに古代の牧畜民は気づいて、チーズづくりをスタートさせたともいわれる。

　こうして人類がチーズの味を覚えていくと、乳からチーズを安定的につくり出すにはどうしたらよいか、その製法の研究を始める。そして、恒常的に乳からチーズをつくることができるようになっていったのだ。

　それは、ワインづくりにも似ている。ただの葡萄（ぶどう）ジュースが、ある日、ワインというアルコールに変わっていたとき、人はそこに衝撃を覚えた。そして、人がアルコールの味を覚え、酩酊（めいてい）に愉（たの）しみを求めるようになると、常に葡萄ジュースからアルコールをつくりたくなり、ワイン製法の研究が始まる。

　チーズもワインも、ともに古い歴史を持ち、やがて両者は最高のマリアージュを結んでいくのだが、ともに人類が偶然知った味を、製法研究によって必然の味にしたのである。

古代から近世にかけて、チーズは最高の栄養保存食だった

チーズは、古代から近世にかけて人類が飢餓(きが)から逃れ、壮健であるための必需品であった。チーズなくして市井(しせい)の者の食生活は成り立たず、チーズがあればこそ、人類は文明を創造できたともいえる。

というのも、チーズが高栄養の保存食だったからだ。多くの食品はすぐに傷(いた)む。牛乳、山羊乳、羊乳にしろ、殺菌技術もない時代は腐敗のスピードが速い。気温の高い西アジアでは1日も経(た)たずに腐敗してしまい、とても飲めたものではなくなる。

しかも牛や羊は、本来は1年じゅう泌乳(ひにゅう)しない。つまりは乳を出さない。現代では、スーパーマーケットに当たり前のように新鮮な牛乳パックが並んでいるが、それは牛を家畜化し、計画的に繁殖させて通年泌乳できるように改良してきたからだ。

近代を迎えるまで、牛や羊には泌乳しない期間があり、しかも常に一定量の乳を出していたわけではなかった。出産後、数か月もすれば乳の量は減っていく。冬ともなれば、餌(えさ)となる草が枯れてしまうから、乳の出も悪くなるか、出なくなるかだ。

けれども、乳をチーズにしてしまえば、話は違った。チーズは、乳よりも保存に耐えうる食品なのである。それも水分を抜いてしまうほどに、保存期間は長くなる。乳がなくても、冬に穀物が乏しくなってきても、チーズさえあれば、何とか飢えから遠ざかることができるのだ。

しかも、チーズは高栄養食品でもある。牛乳も栄養のある飲み物だが、その9割近くは水分だ。一方、チーズは牛乳の水分の多くを除いた、牛乳を凝縮させたも同然の食品だといえる。牛乳内のタンパク質、脂質、カルシウム、ビタミンなどがチーズのなかに凝縮されているのだ。

チーズは、古代から近世の入り口にかけてまで、市井の者の貴重なタンパク源であった。日本人には肉食文化圏と思われてきたヨーロッパでも、肉を存分に食べられるのはひと握りの王侯貴族くらいであり、多くの農民はめったに肉を口にすることができなかった。

ヨーロッパの場合、近世に至るまで、多くの人間が多少とも食すことができたのは、豚肉くらいであった。その豚肉も、冬を迎えればありつけなくなる。というのも、草が枯れ、木の実も落ちなくなる冬には、豚の餌がなくなってしまうからだ。冬を迎える前に豚を殺して食べてしまったら、もうそこから先、冬には食べる肉はない。春になって豚をふたたび育てても、体が大きく育つ夏から秋まで待たなければならないのだ。

ヨーロッパで肉食が普及していくのは、新大陸からジャガイモが輸入され、ジャガイモによって人間の空腹が満たされてのちだ。余ったジャガイモを豚に与えることで、1年じゅう豚肉を食べられるようになったのである。

そして、肉のない長い時間、人間のタンパク源となってきたのが、チーズなのである。肉を食べずとも、チーズがあるから、人々はタンパク質を補給することができ、元気な体を手に入れていたのだ。

古代から近世まで、チーズと肉のあいだには、チーズ優先の関係があった。家畜を殺し、肉にして食べれば、たしかに活力は湧（わ）いてくる。けれども、家畜を殺してしまえば、そこから先は何もない。

一方、チーズづくりは、家畜を殺す必要がない。家畜を生かし、餌のある牧草地を確保している限り、常にチーズを得ることができる。チーズは肉に比べて、現代風にいえばずっとサスティナブル（持続可能）なタンパク源であり、肉に代わる高栄養食にもなっていたのだ。

こうして肉体に元気があれば、人間はより前に進もうとする。それが文明の創造にもつながる。チーズは人類の文明創造のエネルギー源となっていたのだ。

なぜ、アダムとエヴァはイチジクで性器を隠したのか？

牛乳や山羊乳、羊乳から効率よくチーズを生産するには、レンネット（凝乳酵素）が欠かせない存在だ。レンネットには、動物由来、植物由来、微生物由来がある。このうち、微生物由来のレンネットが普及するのは1960年代以降のことであり、それまでは動物由来か植物由来のレンネットに依存するよりなかった。

動物由来のレンネットには、子牛や子山羊、子羊の胃袋から得られるものがある。一方、植物由来のレンネットは、イチジク、パパイヤ、パイナップルなどから得られる。ほかにアーティチョーク（チョウセンアザミ）の雄蕊（雄しべ）から抽出したエキスも、レンネットになる。

古代のチーズづくりを考えると、得やすいレンネットは動物由来か、あるいは植物由来のイチジクくらいであったと思われる。

イチジクは江戸時代まで日本にはなかったが、ヨーロッパや西アジアでは古代からあった果物だ。ゆえに、古代からイチジクは、ワインの元となる葡萄とともに貴重な果実だったと想像できる。

実際、イチジクは西アジアやヨーロッパでは特別な果物として扱われてきた。とくに『聖書』では、イチジクについての記述が多く見受けられる。イエスは、実のならないイチジクの樹木は切り倒すのではなく、実がなるように世話をするよう説いている。

あるいは、アダムとエヴァの「エデンの園」の物語もある。禁断の果実を食べたアダムとエヴァは、自分たちが素っ裸であることに気づき、イチジクの葉で覆った「腰みの」を身につけた。ルネサンス期には、イチジクの葉で性器を隠すアダムとエヴァの絵画がよく描かれている。古代から中世の人たちはイチジクの葉にも、神秘的な力を見たのかもしれない。

また、ローマを建国したといわれるロムルスとレムスには、イチジクの木陰で生まれたという伝説がある。古代の人たちは、イチジクに生命の根源を見ていたようだ。それは、イチジク自体の魅力とともに、イチジクの「ミルクをチーズに変える力」に神秘を感じていたからでもあるだろう。

いまでもヨーロッパの一流レストランでは、イチジクを使ったディセール（デザート）が登場することがある。あるいは、ディセール前に供されるフロマージュ（チーズのフランス語名）の横にイチジクが添えられることもある。これらは、古代以来のイチジク礼賛の名残ともいえるのではないだろうか。

シュメール人たちが、チーズを神聖視した理由とは

古代において、人類が初めて文明を築いた先進地帯のひとつが、西アジアのメソポタミアである。メソポタミアは、チグリス・ユーフラテス川流域にあり、多くの民族が交差する場でもあった。紀元前３０００年頃から、この地にシュメール人たちによる都市国家が生まれ、高度な文明が築かれていく。

メソポタミアを豊かにしたのは、灌漑農業による豊かな穀物生産とされるが、それだけではない。農耕が始まり、実りが増えてくると、それを目当てに野生の山羊や羊が人々の周りに集まり、やがてすみ着くようになってきた。

農耕民はまず、山羊を捕らえて群れで飼育し、次に羊を家畜化することに成功した。家畜化された山羊や羊は農耕集団の共有財産となり、乳や肉を利用する他、羊毛や皮革、骨

なども生活道具に利用されたことだろう。

群れで数十頭飼育すると、居住地周辺だけでは餌となる草が足りなくなる。遠方まで草を求めて旅することもあったはずだ。開拓していない土地には、オオカミなど野生の肉食動物もいる。共有財産の守り人として、コミュニティのなかから「羊飼い」という職業が生まれていったと想像できる。

そのことは、シュメール人の神話からも読みとれるだろう。シュメール人の都市国家ウルクの神殿に祀(まつ)られているのは、女神イナンナである。イナンナが人間の男から結婚相手を選ぶとき、候補となったのがエンキムドゥという農民とドゥムジという羊飼いであった。エンキムドゥは農耕民文化の代表であり、ドゥムジは遊牧民文化の代表とも解釈される。

このとき、イナンナが選んだのは羊飼いのドゥムジであった。イナンナが惹(ひ)かれたのは、彼の生産するミルクとクリーム、チーズであったのだ。

以後、ウルクの神殿では毎年、歴代の王たちが女神イナンナにチーズとクリームを捧げることがならわしとなった。これにより、シュメール人は豊かな収穫が保証されると信じた。チーズは、シュメール人の神話のなかの中心を成し、シュメール人の宗教神事にも食いこんでいたのである。

この神話から推察できるのは、シュメール人が、主食である穀物よりもチーズやクリームのほうに神聖な力のようなものを見ていたということだ。チーズから得られる高栄養、さらにはその風味のよさは、知恵と力を生み出す源泉のようにも考えられていたのだ。

実際、シュメール人たちは、さまざまなチーズをつくり出すようにもなっていた。蜂蜜入りチーズ、辛子風味のチーズ、濃厚なチーズ、刺激のあるチーズ、丸形チーズ、白チーズなどだ。ただ、チーズ食がシュメール人一般にまで広がっていたかどうかは、議論のあるところだ。一説には、シュメール人の王族や宗教関係者、富裕層のみが口にできるものだったのではないかとされる。

シュメール人に限らず、ユーラシア大陸では、権力者たちが栄養のある食品を独占していく傾向にある。典型は肉であり、権力者は肉を優先的に食し、市井の者や農民は穀物を食す。権力者は高栄養ゆえに体格で勝り、知力でも優位に立ちやすい。みずからの力の源泉ともいえる高栄養食品の肉を一般人が口にしていたら、一般人が体力、知力をつけ、権力者に立ち向かっていきかねない。ゆえに権力者は、高栄養食品を独占したがる。チーズもまた、そうであったと思われる。

チーズ食を手にしたメソポタミアは、古代ではエジプトと並ぶ先進地帯であった。エジプトでもファラオ（王）たちがチーズを食べていたようだが、古代エジプトでのチーズ事情は現在のところよくわかっていない。

それはともかく、メソポタミアでは、先進文明を築いたシュメール人の都市国家が姿を消してのち、紀元前19世紀に古バビロニア王国が生まれる。古バビロニア王国は、ハンムラビ王の時代にメソポタミア全域を統一。紀元前7世紀には、北メソポタミアにあったアッシリアがエジプトをも征服し、オリエントを統一している。

こうしてメソポタミアは古代文明の最大の中心地とまでなったが、その躍進のエネルギー源のひとつにチーズがあったのだ。

チーズ文明は、メソポタミアから世界各地へ広がった

メソポタミア文明はチーズづくりの文化を発展させ、これを栄養源として栄えた。製造法も洗練させ、安定したチーズ生産につなげていたと推察できる。

ゆえに、メソポタミアのチーズ文明は、世界に広がっていった。エジプト文明にもチーズ食が垣間（かいま）見えるのは、メソポタミアのチーズ文明が伝わったからかもしれない。エジプ

トでのチーズ文化受容は消極的なところもあったようだが、エジプトを経てアフリカ大陸にもチーズ文明は広がっている。いまもアフリカ大陸東海岸に住むマサイ族は、特有の乳製品文化を保持している。

メソポタミアのチーズ文明が、やがて周辺地域に広がっていったことは、『旧約聖書』におけるアブラハムの伝説からもうかがうことができる。

アブラハムは、「方舟（はこぶね）」で有名なノアの10代目の子孫にあたる。アブラハムは、『旧約聖書』に登場する最初の預言者であり、ユダヤ教、キリスト教、イスラム教において尊敬される聖人でもある。彼にはイサク、イシュマエルという子があり、イサクはユダヤ人の祖となり、イシュマエルはアラブ人の祖ともなっている。

アブラハムは、もともとメソポタミアの出身であったが、あるとき、神より啓示を受け、彼とその一族は流浪の旅に出る。最後にアブラハムがたどり着いたのは、カナン（パレスチナ）の地であった。神は、アブラハムにカナンの地を与えると約束している。

この旅が終わったある日、アブラハムは3人の訪問者を迎える。アブラハムはすぐに訪問者たちが神と天使であることを悟り、歓迎の宴を催（もよお）した。宴に供されたのは、焼きたてのパン、子牛肉、ミルクにチーズであった。このアブラハムの故事は、メソポタミア出身

チーズの伝播ルート

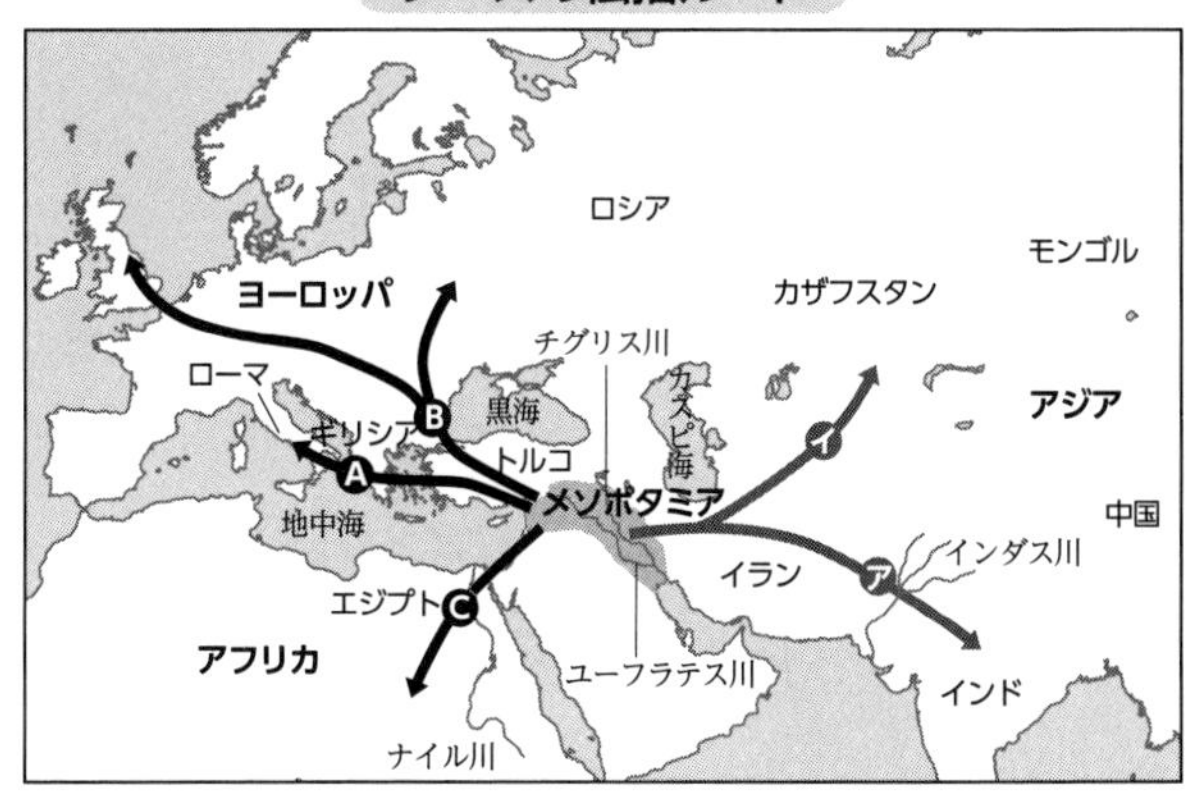

【西方への伝播】

Ⓐギリシア・ローマを通る地中海ルート

イタリア半島の先住民エトルリア人の文明や、アルプス山脈北部に先住していたケルト人やゲルマン人の文明とも融合。ここでは、山羊や羊に加えて牛からの搾乳技術も定着していき、とりわけ厳しい山岳地帯では、硬質で大型の「山のチーズ」と呼ばれる保存性の高いチーズをつくる技術が生まれた。

Ⓑ黒海西岸を北上し、東欧地域のスキタイ系定住民の文明と接するルート

東欧ルートには、酸乳（現在のヨーグルトに近い物）の消費と、バターをつくる技術が残っている。東欧からロシアにかけてローマ帝国の支配下に入らなかった地域には、乳加工の技術の伝承が遅れた地域もあったようだが、地中海以外の地域がすべて乳加工の技術が遅れたわけではなく、バターの存在もあれば、チーズの初期段階のようなハードタイプのチーズ、そしてブリテン島には古代チーズ（チェシャーの前身）の存在も記録されている。

Ⓒエジプト・ルート

アフリカ大陸へのルートは、エジプト王朝が乳加工に消極的だったため、チーズなどの乳加工品はやがて消滅する。ただし、アフリカ東海岸に住むマサイ族をはじめ、発酵乳やバター製造などを行なうアフリカの酪農民達は、いまも特有の乳文化を継承している。

【東方への伝播】

㋐のルート

もっとも大きな流れは、西アジアのアーリア系民族が、紀元前1000年頃に水牛をともなってインド亜大陸に侵入し、成立させた乳文化。このルートはアナトリアのヒッタイト文明と接触しなかったことや、バラモン教のウシ信仰があったため、動物由来のレンネットを使用せず、酸性化凝固のみで乳の加工を行なうようになった。

㋑のルート

カスピ海の東岸を抜け、中央アジアのカザフスタン地域に伝播していった遊牧民チーズの流れで、モンゴルまで到達する。搾乳獣は主に草原に適した山羊や羊で、乳の加工のほとんどが酸性化による凝固であった。ただし、西アジアからトルコ経由でロシア南部に入り、スキタイ系民族と接触した遊牧民族は、レンネット利用の知識があったと考えられる。これらのルートはいわゆるシルクロードの経路上にあり、古代中国への乳文化伝播はこの経路による。したがって日本の奈良・平安時代につくられていた、日本の古代チーズといわれる「蘇」も、この経路によって伝えられたものと考えられる。

出典:『チーズの教本2023～2025』NPO法人チーズプロフェッショナル協会（旭屋出版）

の者にとって、チーズは神に捧げる供物(くもつ)であることを物語っている。

メソポタミア発のチーズ文明は、東のイラン高原を経てインドに伝わり、中央アジアにも向かっている。古代の中央アジアからイラン高原にあったのは、遊牧民であるアーリア人たちである。

アーリア人たちは紀元前２０００年頃からインドへ侵攻し、インドでバラモン教を成立させている。遊牧を営むアーリア人たちはすでにメソポタミア発のチーズ文明を受容し、インドにもチーズ文明を持ちこんでいたのだ。また中央アジアに向かったチーズ文明は、やがてはモンゴル高原にも向かっている。

一方、メソポタミアのチーズ文明は、西のアナトリア（現在のトルコあたり）を経て、地中海やヨーロッパにも伝わった。メソポタミア文明が滅んだのちも、チーズ文明は世界各地に生き残ったのである。

ユダヤの英雄ダヴィデに大力を授けたチーズ

メソポタミアでチーズが神聖な食べ物であったように、古代のユダヤ（イスラエル）人社会でもチーズは神聖な食べ物となっている。そもそも、カナンに移り住んだアブラハムは、チーズを神への捧げ物としていたから、その伝統は継承されたのだ。

ただ、古代ユダヤ人社会は脆弱でもあった。古代エジプトの繁栄と圧力の前にユダヤ人社会は劣勢であり、豊かさに惹かれてエジプトに移住するユダヤ人たちも少なくなかった。あるいは、労働力として連行されていったユダヤ人もいただろう。エジプトに移住した彼らが幸せになったかというと、増えすぎたユダヤ人は迫害の対象にもなっていた。

そこから始まるのが、紀元前13世紀、預言者モーゼが主導した「出エジプト」である。モーゼは多くのユダヤ人を引き連れ、エジプトから去り、カナンを目指した。

モーゼがカナンを目指したのは、もともと神がアブラハムに与えてくれた「約束の地」であったからだ。と同時に、カナンが『旧約聖書』でいうところの「乳と蜜の流れる地」であったからだろう。

すでに述べたように、古代のエジプトはチーズの受容に消極的なところもあった。けれども、ユダヤ人はチーズ食を覚え、チーズ文明を崇拝している。いかにエジプト暮らしが長いとはいえ、彼らのなかにはチーズの記憶があった。その記憶が「出エジプト」を決意させ、「乳と蜜の流れる地」カナンに向かわせたとも推察できるだろう。カナンで牛を飼うなら、新鮮なミルクと栄養価の高い神聖なチーズを得られるのだ。

カナンの地に復帰したユダヤ人たちは、やがてイスラエル王国を生み出す。ユダヤ人たちは神への供物であるチーズとともにあり、周囲の敵と戦ってもきた。

とくに、ペリシテ人は強敵だった。そんな戦いの連続のなか、チーズはユダヤの戦士たちに必要な食品だったと思われる。そのことは、『旧約聖書』のダヴィデをめぐる物語からも見えてくる。

ダヴィデは、紀元前10世紀頃、第2代のイスラエル王となる人物だ。彼は少年時代に、ペリシテ人の巨人ゴリアテを打ち倒したことで、一気に英雄となる。

ダヴィデがその名を高めるよりも前、彼は父エッサイにお使いを頼まれたことがある。ダヴィデの兄たちはペリシテ人と戦う戦場にあり、ダヴィデは麦、パン、そしてチーズを前線まで届ける役目を仰せつかったのだ。

このことから、古代イスラエルにおいて、チーズは戦士にエネルギーを与える重要な食品であったことがわかる。ダヴィデが前線に届けた食品に、肉は含まれていない。当時から貴重であったからだろう。

肉の代わりに高栄養のチーズを届けることで、戦士に活力を与えていたのだ。ダヴィデが巨人ゴリアテを一撃で打ち倒せたのも、チーズのおかげかもしれない。チーズはイスラエル王国存立のために欠かせない食品ともなっていたのである。

古代ギリシアでも、チーズは「戦士の食」として崇められた

チーズは古代のイスラエルで戦士の栄養食となっていたようだが、それは古代ギリシアでも同じである。古代ギリシアにおいて、チーズは特権階級のみが口にできる食べ物ではなく、やがて市民の食べ物ともなっていくが、古代ギリシアが勢力を拡張していく草創(そうそう)の時代は、戦士たちの栄養源として崇(あが)められていた。

ギリシアでのチーズ受容は、紀元前8世紀に成立したホメロスの叙事詩『イリアス』にも描かれている。『イリアス』は、古代ギリシア人の一派であるアカイアの対トロイア戦争を描き、ギリシアの英雄アキレウスがトロイアの英雄ヘクトルを打ち倒す物語だ。

その『イリアス』では、アカイア方の軍勢の牧者マカオンが戦場で右肩を負傷し、トロイア勢に討たれそうになる。これを心配した戦士ネストルがマカオンを救出、馬に乗せて逃げ、自分の陣営に連れ帰る。

陣営にはメカメデという女性があり、ふたりのために飲み物を用意する。彼女は山羊のチーズを青銅のおろし金ですりおろし、大麦の粉とともにワインに振りかけ、ふたりに勧(すす)めた。このチーズ入りの薬で、マカオンは何事もなかったかのように回復、ネストルと談笑する。

『イリアス』が物語るように、すりおろした粉状のチーズは、戦士の万能薬であったようだ。紀元前9世紀のギリシア人戦士の墓からは、青銅のおろし金が発見されており、戦士にとってすりおろしたチーズがいかに重要だったかを示している。青銅のおろし金は、まさにみずからを守護してくれる道具であり、ゆえに副葬品となったと思われる。

『イリアス』に登場するチーズは、おろし金ですりおろすタイプである。それは、長期熟成のなかで余分な水分を取り除いていった、硬いチーズだ。おろし金ですりおろさなければならないほど硬いチーズといえば、現代人は「パルメザン」チーズ（後述）をイメージするだろうが、古代にこのタイプのチーズはすでに存在していたのだ。ギリシア世界でチーズが多様化を始めていた現れでもあろう。

ギリシア人の戦闘様式は、紀元前8世紀の『イリアス』の時代、戦士の一騎討ちが主であったが、やがて紀元前8世紀後半あたりから変質していく。重装甲の歩兵が密集集団、つまりファランクス（重装歩兵密集隊）を組み、集団の力で敵を圧倒しようという戦闘スタイルに変わっていったのだ。

ファランクスでは、重装の歩兵を多く必要とする。そのため、市民の少なからずが兵士となって命を懸(か)けねばならず、軍役を担(にな)った市民は、支配層である貴族層に対価を要求するようになった。こうしてギリシアの都市国家の多くは、貴族政治から市民政治へと移行していく。

もちろん、ファランクスによって兵士の数が増えるほど、兵士が必要とするチーズの供給量も増えていく。ギリシアでのチーズは戦士や特権階級のみが口にできるものではなくなり、市民層でも食べることができるようになっていったのだ。

この頃のギリシアでは、チーズは街の市場でも売られるようになっている。ポリスと呼ばれる都市国家には、たいてい「アゴラ」といわれる広場があり、そこに市場も立った。アテネのアゴラではチーズも売られ、おそらく他の都市国家も同様であったと思われる。

また、ギリシアの都市国家のなかで、最強の軍団を擁(よう)したスパルタでは、兵士とチーズの関係が他の都市国家とは少し違ったようだ。スパルタの兵士は、ふだんは粗食であったという。彼らは過酷な環境でも耐えられるよう、豚の胆汁(たんじゅう)入りの苦く黒いスープを飲んでいた。

けれども、いざ戦争となると、食事には肉やチーズが供される。これにより、兵士の戦意が高まっただけでなく、過酷ではあれ、美味(うま)いものを食べられるという理由で、彼らは戦争を待ち望むようにもなる。苦く黒いスープには、そんな仕掛けもあったのだ。

『オデュッセイア』から見えてくるギリシア人とチーズの関係

ギリシア人がいかにチーズを大切な食べ物と見なしていたかは、ホメロスの叙事詩『オデュッセイア』からも見てとれる。

『オデュッセイア』は、『イリアス』の続編のような位置づけだ。トロイアを落城させたアカイア勢は、やがて帰国の途につくが、アカイア方の武将オデュッセウスの船は遭難し、オデュッセウスとその部下たちは漂流を続ける。

彼らはさまざまな島々に漂着し、そこで冒険を経験する。そのひとつが、「一つ目の巨人」であるキュクロプスとの出会いである。

オデュッセウス一行がキュクロプス族の島に渡ったとき、そこには野生の山羊が無数に棲息していた。オデュッセウスは、キュクロプスの住む洞窟に忍びこむが、そこには誰もいない。彼が洞窟で見たのは、編かごから溢れんばかりのチーズであった。

また、洞窟の檻には、子山羊と子羊がひしめきあっていた。さらには、乳を搾るための桶や鉢も置かれており、それらには乳清が溢れていた。

この話は、「一つ目の巨人」キュクロプスが、じつはチーズづくりに精を出していたことを物語っている。キュクロプスは、チーズを主食のようにして生きていたのである。

オデュッセウスの部下たちは、洞窟内のチーズを手に入れてさっさと逃げようとオデュッセウスに提言するが、彼はそれを拒否して、キュクロプスの帰りを待つ。

やがて洞窟に帰ってきたキュクロプスは、チーズづくりの仕事を始める。山羊と羊の乳を手際よく搾ったのち、白い乳の半分を凝結させ、これを編かごに蓄えて熟成を待った。残り半分は、自分の食事用である。ここに記述されているのは、古代ギリシアにおけるチーズづくりの工程だ。

そしてキュクロプスは、洞窟内にいるオデュッセウス一行に気づく。オデュッセウスはキュクロプスに挨拶するが、キュクロプスはいきなりオデュッセウスの部下ふたりをつかみあげ、地面に叩きつけて体をバラバラにしてしまう。キュクロプスは、乳を飲みながら、オデュッセウスの部下の肉を食べるのであった。

その後、オデュッセウスはキュクロプスの目を負傷させたのち、逃げ去るのだが、この物語が示唆(しさ)するのは、チーズの神秘的な力である。キュクロプスはチーズを常食とし、それもふんだんに食しているから、恐ろしい力を持つ巨人たりえているのだ。ギリシア人が、チーズに不思議な力の源泉を見ていたことがよくわかる。

古代ギリシアの賢人たちは、チーズを食べ、語り、思索した

古代ギリシアの市民社会では、チーズはご馳走のひとつだったようだ。ギリシアの市民たちはしばしば宴会、饗宴(きょうえん)を愉しみ、そこにチーズも登場していた。

ギリシア人たちの宴会では、最初は酒を飲まない。ひととおり食事が終わると、デザートが登場。デザートには砂糖菓子や果物、ドライフルーツなどとともにチーズもあった。デザートが供されるとともにワインを飲み始め、チーズとワインのマリアージュを愉しんでいたようだ。饗宴では神々に捧げる祭壇が用意されていることもあり、お供えは菓子やチーズであった。また、宴会用の高級料理にチーズを使ったものもあったという。

ギリシアの市民たちは饗宴で料理を食し、デザート時間にチーズを食し、ワインを飲み、語り合った。そこからギリシア人たちは思索（しさく）を深め、賢人、哲人が生まれていった。アテネからは、ソクラテス、プラトン、アリストテレスらが登場している。

賢人たちは、思索を深めていく過程で、よりチーズについて考えるようにもなっていた。医学の祖といわれるヒポクラテスは、その著『急性病の養生法』のなかで、チーズを食べる効果は強力であり、体を温め、滋養があり、心身を落ち着かせてくれるという意味のことを書いている。

アリストテレスもまた、チーズについての記録を残している。それによると、

「乳汁にはオロス、すなわち乳清という液体と、ティロスすなわちチーズという固体が含まれている。乳汁が多いほどチーズが多い。上顎切歯（じょうがくせっし）のない動物の乳汁は凝固するため、家畜であればチーズにする」

「ラクダの乳汁がもっとも薄く、馬が2番目で、ロバが3番目。牛乳がもっとも濃い」

「一部の動物は子を養うのに十分な乳のうえに、チーズをつくれる分も泌乳する。羊と山羊がとくにそうで、量はそれより少ないが牛の乳も余る」——。

ギリシア人にとってチーズは身近な食品であったと同時に、研究に値する栄養価の高い

食物でもあったのだ。

古代以来のギリシア・チーズ文化の精髄とされるのは、「フェタ」チーズだろう。「フェタ」は、山羊乳と羊乳の混合乳、あるいは牛乳からつくるフレッシュタイプである。ホメロスの『オデュッセイア』にも、「フェタ」を連想させる記述があり、その歴史は古いとされる。現在、世界各国でつくられているが、オリジナルはギリシアであり、ギリシア人には欠かせないチーズとなっている。

古代ギリシアあたりに端を発するのではないかと思われるチーズには、ほかに「リコッタ」がある。「リコッタ」はチーズづくりの過程で生まれる「ホエイ（乳清）」からつくるものであり、厳密にはチーズではないということもできる。「リコッタ」も現在、世界各地でつくられており、さっぱりとした風味を持つが、長持ちはしない。

チーズの先進地シチリア島の奪取を狙ったアテネが見た亡国

古代、ギリシアを頂点とする東地中海世界で、もっとも人気のあったチーズといえば、シチリア島産のチーズであった。イタリア半島の南に位置するシチリア島は、温暖で、農業、牧畜に適した地である。シチリア島では紀元前3000年代にはチーズがつくられていたようで、質のよいチーズが生まれていた。

ギリシア人にとって、シチリア島のチーズは垂涎（すいぜん）の商品でもあった。すでにギリシア人たちはシチリア島にも植民を始めていたが、ギリシアの都市国家はシチリア産チーズをこぞって輸入していたのだ。

とりわけ、アテネがぞっこんであり、シチリア産チーズはアテネにおいて贅沢品と見なされていたようだ。そしてアテネは、チーズに代表されるシチリア島の豊かさに魅了されたあまり、やがて選択を誤る。

紀元前5世紀、ギリシアはペロポネソス戦争という長い戦争を経験する。ペロポネソス戦争は、アテネがギリシア世界で突出（とっしゅつ）し、支配的になったことに起因する。スパルタを中心とするペロポネソス同盟は対アテネ戦争に踏み切り、30年近い戦争となった。

戦争の行方を決したのは、アテネによるシチリア島征服の失敗である。劣勢になっていたアテネは、シチリア島征服・支配で挽回（ばんかい）を狙ったのだ。アテネはすでにシチリア島の一部を領有していたが、全島を占領し、チーズをはじめとしたシチリア島の富を独占することで、逆転勝利を夢見たといっていい。

けれども、アテネの弱体化した軍事力では、シチリア島占領は無理であった。シチリア島に送られたアテネ軍は壊滅、しかも艦隊までも失ってしまったから、降伏せざるをえなかった。

ペロポネソス戦争以後、アテネはかつての繁栄を失い、勝利したスパルタの栄光も長くは続かなかった。ギリシアの都市国家はしだいに衰退の道をたどるが、シチリア産チーズがアテネを惑わせ、アテネの没落を呼び寄せた一因ともいえるのではないだろうか。

ゾロアスター教の壮大な世界観に寄与したチーズ

古代、チーズは高栄養の戦闘食であったと同時に、賢者の食物とも見なされていたようだ。それは、紀元1世紀のローマの学者プリニウスの、ゾロアスター教の教祖ゾロアスターへの寸評から見てとれる。

プリニウスは、自然と地理の情報をこと細かく寄せ集め、『博物誌』として完成させている。そのプリニウスの耳には、ゾロアスターの伝説も入ってきたと思われる。

ゾロアスターは、紀元前7〜前6世紀の人とも、紀元前2000年頃の人ともいわれる。活躍したのはイランとも中央アジアともいわれ、その人となりはよくわかっていない。

わかっているのは、彼が創造したとされるゾロアスター教のほうである。ゾロアスター教は、善神と暗黒神が対立する二元論的な世界観を持ち、最後の審判によってすべてが裁かれるとした。その二元論と終末観は、ユダヤ教、キリスト教に受け継がれている。3世紀にイラン高原に勃興(ぼっこう)したササン朝ペルシアは、ゾロアスター教を国教と定めていた。

ゾロアスターは、比類なき賢者として後世に伝えられている。ササン朝がイスラム勢力に滅ぼされたのちも、イスラム世界では聖人のごとく崇敬(すうけい)されてきた。ヨーロッパでも同じだ。19世紀、ドイツの哲学者ニーチェは小説『ツァラトゥストラはこう語った』を叙述しているが、ツァラトゥストラはゾロアスターのドイツ語読みである。

あるいは、18世紀の作曲家モーツァルト作曲のオペラ『魔笛』には、叡知(えいち)のかたまりのような神官ザラストロが登場する。『魔笛』はフリーメイソンの思想や儀式に影響されているというが、ザラストロは神秘集団を率いた不思議な人物でもある。ザラストロは、ゾロアスターがその名を少し変えたものである。

ゾロアスターは、古代の地中海世界でも賢人として知られていた。プリニウスは「ゾロアスターは20年ものあいだ砂漠に住み、いつまでも傷まないチーズを食べていた」と述べている。

ゾロアスターはチーズのみを食べて過酷な砂漠のなかを生き延びたと思われ、そのなかで壮大かつ厳しい世界観を完成させている。このゾロアスターの伝説は、チーズこそ賢者のための食物であり、チーズ食により賢者はより高い次元へと覚醒していくという古代人の考えを物語っているのではないだろうか。それほど、チーズには神秘的な特殊な力があると思われていたのだ。

ローマの台頭前からイタリア半島にはチーズ文化があった

イタリアは、多様なチーズをつくり、チーズ王国のようにもいわれる。イタリア半島でのチーズづくりの歴史は古く、古代ローマ帝国でもチーズは愛された。ただ、イタリア半島では、ローマの台頭以前からすでにチーズづくりが始まっていた。

古代のイタリア半島でチーズづくりを始めたのは、エトルリア人だとされる。エトルリア人の出自は不明だが、紀元前9世紀頃からイタリア半島南部に移住し、都市国家を築いていった。エトルリア人はギリシア人とも交易していたから、ギリシア人からチーズづくりを学んでいったと思われる。

エトルリア人は、古代ギリシア人のチーズ文化を当初はそのまま受け継いでいたようだ。エトルリアの貴族の墓からは、チーズのおろし金が出土している。彼らは古代ギリシア人を真似て、おろし金でチーズをおろして粉にして食していたのだ。それは、おろし金でおろさなければならないほどに硬いチーズをつくっていたということでもある。

このエトルリア人の文化を学んでいったのが、都市国家ローマである。ローマは当初、エトルリアに従属し、エトルリアの文化を学ぶ立場にあった。その文化吸収の過程で、ローマ人にもチーズ文化が継承されていったのだ。古代ローマの食卓にはたいてい、おろし金があったというから、ローマ人にエトルリア人のチーズ文化が浸透していたということになるだろう。

ただ、ローマがやがて地力をつけていくと、エトルリアへの従属を拒否する。ローマはエトルリアに戦いを挑み、ついにはエトルリアを滅ぼすことで、イタリア半島の覇権(はけん)を握る第一歩としている。

ローマの大征服に、チーズは欠かせない存在だった

　エトルリアを打ち破ったローマは、その後、版図（はんと）を拡大していく。最大のライバルとなったのは、フェニキア人の植民都市カルタゴであった。シチリア争奪戦から始まったローマとカルタゴの戦争は、ポエニ戦争と呼ばれる。

　ポエニ戦争は紀元前２６４年に始まり、３度にわたる戦いののち、ようやく決着する。紀元前１４６年、ローマはカルタゴに勝利し、カルタゴを廃墟にした。勢いに乗るローマはギリシア、マケドニア、エジプトを征服、地中海の覇者となる。さらには、ガリア（現在のフランス）、ブリタニア（現在のイギリス）にも兵を進め、大帝国を形成していく。

　そのローマの大征服とともにあったのが、チーズである。古代ギリシアでチーズが兵士たちの高栄養食となっていたのと同じように、古代ローマの兵士にもチーズが与えられていた。

　もちろん、古代ギリシア社会がそうだったように、古代ローマの社会にもチーズは溶けこんでいた。農民でさえもチーズを日常的に食し、奴隷にもチーズが与えられていた。古

代ローマにおいて、チーズはもはや権力者が独占する食物ではなかったのだ。

ただし、兵士に対しては格別であった。古代ローマは、一種の戦闘国家である。ローマが帝国化した時代、ローマ軍団を率いてきた軍人たちが、しばしば皇帝の座にも就いている。ローマ軍団は常に敵と戦い、征服することで、帝国を巨大化させたから、兵士たちは栄養面での手厚いサポートを受けられたのだ。

ローマの兵士に与えられたチーズには、いまの「パルメザン」に近いチーズや「ペコリーノ」などがあった。ともに保存のきくチーズであり、遠征には欠かせない食糧であった。

「ペコリーノ」チーズについては、古代ローマの詩人ウェルギリウスの著書『アエネーイス』に記述がある。同書によるなら、ローマ軍兵士ひとりに毎日27グラムの「ペコリーノ・ロマーノ」が配給されたという
「ペコリーノ」チーズの「ペコリーノ」とは、羊乳でできたチーズという意味だ。「ペコリーノ」は、非加熱圧搾（あっさく）タイプ（セミハードタイプ）の仲間である。つまり、カード（凝乳）の水分を除去するのに、加熱はせずに圧搾していくタイプだ。

『アエネーイス』に登場する「ペコリーノ・ロマーノ」は、ローマ産ペコリーノという意味だが、現在はローマのあるラツィオ州以外でもつくられている。黒いワックスで覆われ

ているが、中身は白く、塩っけの強いチーズだ。

「ペコリーノ」チーズは、現在、イタリア各地で個性的なタイプがつくられている。カラブリア州では「ペコリーノ・クロトネーゼ」、トスカーナ州では「ペコリーノ・トスカーノ」「ペコリーノ・デッレ・パルツェ・ヴォルテッラーネ」、バジリカータ州では「ペコリーノ・ディ・フィリアーノ」、ラツィオ州では「ペコリーノ・ディ・ピチニスコ」、シチリア島では「ペコリーノ・シチリアーノ」の名となる。

また、チーズを熟成させるとき、塩が使われるようにもなっていた。ローマ軍団は帝国の国境線のあちこちに移動しているから、彼らの食糧となるチーズは長持ちするものにしておきたい。そこで、塩がチーズの熟成に使われるようになったのだ。

なぜ、古代ローマはチーズの大量生産に乗り出せたのか?

古代ローマのチーズづくりの特色のひとつは、大量生産を始めたところだろう。それは、権力者たちが大規模な農場を運営し、多くの家畜を飼い、大量のチーズをつくっていくというものだ。

古代ローマがチーズの大量生産に乗り出すことができたのは、カルタゴ相手に戦ったポエニ戦争の勝利が大きい。ローマは、この戦争の勝利によって、シチリア島を手に入れた。かつて古代ギリシア人はシチリア島の名産であるチーズに魅了されたが、同時にこの地は豊かな穀倉地でもあった。

ローマはシチリア島から小麦を安定的に得られるようになると、飢餓の心配から遠ざかる。こうしてイタリア半島にあった農場は、小麦をつくる必要がなくなっていった。その代わりに大量の家畜を飼い、さらには葡萄畑とし、ワインをつくるようにもなっていったのだ。

そこに絡むのは、ローマの権力者、つまり元老院議員たちによる農地の買い占めがある。それまで中小農場を運営してきた農民たちは、ローマの征服戦争に駆り出され、戦死もしたし、戦傷による後遺症に苦しんだ。彼らの農地は荒れ果ててしまったから、豊かな元老院議員たちに泣く泣く売り渡すしかなかったのだ。こうして形成されていった富める者の大所領は、「ラティフンディア」と呼ばれる。

元老院議員たちが農場で働かせたのは、戦争捕虜として連れてきた奴隷たちである。元老院議員たちは、安価なコストで大規模農場を運営できるシステムを考え出したのだ。

もちろん、ラティフンディアの形成は社会の歪み（ひず）につながってもいたが、その一方で、チーズの大量生産を可能にしたのもたしかだ。大農場では数百頭どころか1000頭以上もの山羊や羊を飼うのも可能だったから、大量のチーズを生産し、市場に流通させることができるようになったのだ。

イタリア半島に生まれた新たな農場をいかに適切に運営するかを考えたのは、元老院議員のカトー（大カトー）である。カトーはすぐれた農学者でもあり、『農業論』という書も残している。

『農業論』では、大規模農場から中規模農場に再編することの意義を説いている。そして、中規模農場において、オリーブオイル生産のためのオリーブの栽培、ワインづくりのための葡萄の栽培、チーズづくりのための山羊や羊の飼育を勧めている。彼によるなら、65ヘクタールの敷地があれば、100頭の羊が飼えるという。カトーは100頭程度を効率的と見たのだろう。

こうして、古代ローマでは小麦はもちろんのこと、チーズも安定的に得られるようになっていったのだ。

古代ローマ人が、牛ではなく山羊や羊のチーズを食べた理由

現代では、チーズといえば牛乳のチーズがもっともよく知られているが、かつては違った。古代ローマにあっては、チーズは牛乳ではなく、山羊乳や羊乳のチーズが一般的に流通していた。先のカトーの『農業論』でも、農場でチーズづくりのために飼う家畜といえば、羊であった。

もちろん、ローマ人とて牛乳チーズの価値は認めるところだったようだ。ローマの文章家でもあったヴァッロは、自身も大規模農場を経営しており、彼の農場には700頭の羊があったという。ヴァッロは農業とチーズについてのすぐれた研究家でもあるのだが、彼によるなら「牛乳が一番、次に山羊乳がよく、羊乳はそれより劣る」としている。

にもかかわらず、ヴァッロが飼っているのは、もっとも品質のよくない羊なのである。ローマで羊乳のチーズが一般的だったのは、イタリア半島という風土のなかで、羊がもっとも育ちやすく、飼いやすい家畜だったからでもあろう。

さらに、ローマ人にとって、牛乳そのものが得（え）がたいご馳走だったのかもしれない。前

述した古代ローマ詩人ウェルギリウスは、牛乳について「かわいい子どもたちのために飲み尽くさせるべきである」と語っている。

ウェルギリウスにしてみれば、牛乳は子どものために全部使い果たすのがよく、チーズにするなんてとんでもない話だったのだ。

ケルト人によって始まったフランスでのチーズづくり

紀元前1世紀、古代ローマにはカエサルが登場する。カエサルはガリア（現在のフランス）を征服して名声を博し、権力を握っていく。カエサルのガリア征服以降、ローマ帝国はアルプスの北に領域を拡大し、同時に征服先にチーズ文化を根づかせていく。

ただ、カエサルの征服によって、チーズがイタリア半島からフランスに伝わったわけではない。すでにカエサルの征服以前、いまのフランスではチーズづくりが始まっていたのだ。ガリアにチーズを伝えたのは、ケルト人たちである。

ケルト人は、のちに大半がローマ人やゲルマン人に同化していったが、古代ヨーロッパのアルプス以北では強大な勢力を築いていた。彼らの現住地は、南ドイツのあたりだったとされる。紀元前8世紀頃、鉄製の武器を手にしたケルト人は勢いを持ち、ガリアからイベリア半島までを征服、さらにはブリテン島（イギリス本島）にまで渡っている。イタリア半島にも侵攻し、いったんはローマを屈伏もさせている。

ケルト人たちは、チーズづくりの技術を持っていた。もともとケルト人は、移動式の酪農を生業とする遊牧民族である。古代ユーラシア世界にあって、ケルト人はチーズづくりに成功した一大民族のようにもなっていた。

ケルト人が、古代にあってアルプス以北のヨーロッパで勢力を拡大できたのも、チーズづくりの技術を持っていたからだろう。すでに何度も述べたように、チーズは高栄養食である。チーズを口にしたケルトの男たちは、勇猛果敢な戦士となる。

しかもケルト人は、保存のきくチーズをつくる技術も有していたようだ。遠征には、保存のきくチーズが欠かせない。ケルト人の勢力圏が巨大化したのは、保存のきくチーズをつくる技術を持っていたからでもあるだろう。

ただし、ケルト人の時代は、紀元前1世紀頃からぐらついていく。カエサルがガリアを攻めたとき、ガリアにあったガリア人はケルト人の一派であった。彼らはローマに征服され、ローマ化されていく。つまり、みずからの文明を捨て、ローマのラテン文明に染まっていく。

やがてアルプス以北で、ゲルマン人たちが猛威をふるい始めていくと、ケルト人はゲルマン人に押されっぱなしとなる。イギリス本島にあっては、ケルト人はスコットランド、ウェールズに押しこまれていった。

アイルランドやフランスのブルターニュにもケルト人の一派は残ったが、ケルト語を話すケルト人は、現在はほんのひと握りになっている。

ケルト人の高い技術が、牛乳チーズの発展と大型化を生んだ

ケルト人のチーズづくりの特徴は、牛乳チーズをつくっているところにある。これは、ケルト人のライバルともいえるローマで山羊乳チーズ、羊乳チーズが一般的であったのとは対照的だ。

ケルト人が牛乳チーズをつくったのは、冷涼なアルプス以北の地では牛が育てやすかったからだろう。ケルト人は乳牛の品種改良も手がけていたようで、彼らによって乳量の多い乳牛も多くなった。

そこから先、ケルト人が考えたのは、チーズの大型化である。乳量の多い牛が毎日のように泌乳していくなら、多くの牛乳が手に入る。ただ、いくら冷涼なアルプス以北とはいえ、生の牛乳はそうは長持ちしない。ケルト人は大量の牛乳を急いでチーズにする仕事に追われるようになったと思われ、このとき思いついたのがチーズの大型化である。つまり、「加熱圧搾タイプ（ハードタイプ）」、あるいは「非加熱圧搾タイプ（セミハードタイプ）」をつくっていくのだ。

ケルト人は、こうした技術を持っていたようで、大型チーズの製造にも成功している。水分を抜いた大型チーズもまた、保存のきくチーズであったから、ケルトの戦士が遠征、移動していくための栄養源となった。

このように、ガリアにはローマの征服以前から、当時としては高度なチーズづくりの技術があった。そして、ローマに征服されたのちも、ケルト人のチーズ技術は残ったと思われる。

さらにはローマ人のチーズ技術とも合体し、フランスにはよいチーズづくりの土壌が育まれていったのだ。チーズ大国フランスの素地をつくったのは、ケルト人であったともいえる。

ローマ市民たちは各地の特産品となったチーズを賞賛し、親しんだ

古代ローマはガリアを征服、さらにはブリテン島の一部まで支配し、帝国化していく。ローマ帝国の時代、いやそれ以前の時代から、チーズは帝国内を駆(か)けめぐっていた。

カエサルがガリアを征服する以前から、ローマ人とケルト人とのあいだには交易関係があった。交易品のなかにはガリア産のチーズもあり、ローマでは好まれていたようだ。

ローマがガリアを吸収、さらに巨大化していく過程で、ローマ人の新たな進出先ではチーズづくりも行なわれるようになっていった。チーズはローマ帝国において各地の特産品となり、帝国内で流通もしていた。

ゾロアスターとチーズの関係に言及したローマの学者プリニウスは、著書『博物誌』のなかで、ローマのチーズ市について言及している。そこでは、主に羊乳がつくられたリグリア地方のチーズや、目方が1000ポンド（約450キログラム）にも及ぶチーズ、煙で風味が増された山羊乳のチーズが並んでいるとしている。リグリアはイタリア半島の北西部、ちょうどイタリア半島の付け根に位置する地方だ。

さらにプリニウスは、どのチーズがローマ市民に評価されているかも『博物誌』のなかで述べている。「ローマにおいて諸属州産チーズのうちもっとも賞賛されるのは、ガバレスとジュヴォーダン地方産のものだ」。

ローマ人が賞賛したチーズは、おそらくはいまの「カンタル」チーズ系だと思われる。「カンタル」は、非加熱圧搾タイプ（セミハードタイプ）であり、牛乳を原料としている。古くからあるチーズだが、「カンタル（フルム・ド・カンタル）」が正式名称になったのは中世の1298年のことだ。濃厚なミルクの風味とナッツの香りで、今日でも人気が高い。「カンタル」の名は、近隣の山の名に由来する。

ローマ帝国内で地方産チーズはその力量を競い、ローマ人を喜ばせていたのだ。

五賢帝のひとりアントニヌス・ピウスの死因は「チーズの食べすぎ」？

古代ローマではチーズは愛され、健康増進にも役立つとされてきたが、その一方、チーズの弊害(へいがい)を説く者もあった。チーズを食べると便秘になる、あるいは胃もたれするといった警告をなす者もいた。

実際、チーズの食べすぎで亡くなったという説があるのが、2世紀に活躍したローマ皇帝アントニヌス・ピウスだ。ネルウァ、トラヤヌス、ハドリアヌスという偉大な皇帝たちに続いて即位し、養子の皇帝マルクス・アウレリウス・アントニヌスとともに「五賢帝」と賞されている。アントニヌス・ピウスは穏健(おんけん)な性格であり、彼の時代のローマ帝国は平和だった。

アントニヌス・ピウスが没するのは、161年のことだ。病のために亡くなったともいわれるが、その時代の作家の話によるなら、アルプス産チーズの食べすぎが原因であったという。彼は食べすぎた翌日から体調を崩し、容態を悪化させ、翌々日には死去している。最期まで、意識は平静であったという。

ただ、アントニヌス・ピウスの死を、すべてチーズのせいにするのは危険だろう。彼は、すでに75歳になっていた。いまの75歳はまだまだ壮健であるが、当時の75歳は相当な老齢である。

しかも、チーズであれ何であれ、食べすぎは体に悪い。アントニヌス・ピウスの死は単なる食べすぎであり、好物のチーズを最期に存分に味わえたのだから、むしろ幸せだったのかもしれない。

ローマ帝国崩壊とともに、断絶寸前となったヨーロッパのチーズ文化

ローマ帝国は紀元1～2世紀頃に全盛期を迎えたのち、やがて衰退していく。ローマ帝国は、台頭を始めたゲルマン人の圧力に苦しむようになった。帝国内へのゲルマン人の移住が進むとローマ社会は変質を始め、ついには4世紀後半からゲルマン人の大移動時代が始まる。

ゲルマン人の大移動を引き起こしたのは、アジア系のフン人の西進である。フン人の圧倒的な軍事能力を恐れたゲルマン人は、ヨーロッパ内を西進。その混乱のさなか、ローマ帝国は東ローマ帝国と西ローマ帝国に分裂し、476年にはゲルマン人の傭兵(ようへい)隊長オドアケルによって、西ローマ帝国は消滅させられた。

ゲルマン人の大移動はおよそ2世紀続き、そのあいだにローマの先進的な文化は破壊された。ゲルマン人は、ローマ文化の継承者とはならなかったのだ。

チーズでもそうだった。ゲルマン人は当初、チーズに大きな価値を認めなかったようだ。ゲルマン人は獣肉を好んで食べ、ビールを飲んだようだが、乳製品への執着はさほどでは

なかった。

歴史家のタキトゥスの『ゲルマニア』によるなら、たしかにゲルマン人は凝乳のようなものを口にしていたという。この凝乳は、軟らかいチーズであったと思われる。それも、ヨーグルトに似た酸味のあるチーズであり、ローマの硬いチーズ文化とは無縁であった。

そのため、ゲルマン人は当初、ローマのチーズ文化を理解できなかったと思われる。それよりも、ゲルマン人の関心の対象となったのは、帝国内の農場で飼われている牛、山羊、羊たちであっただろう。獣肉好きのゲルマン人にとって、牛、山羊、羊たちは肉として胃袋に入れてしまうためのものだったと思われる。

こうして、チーズを生み出していた農場の多くは崩壊させられ、かつてのようにローマに各地のチーズが集まることもなくなった。メソポタミア発のチーズ文明は、ローマ帝国でおおいに盛り上がりながら、ゲルマン人の侵攻によって、いったんは断絶寸前に追いこまれていったのだ。

チーズには、どんな種類があるのか?

ここでチーズの種類について簡単にまとめておく。日本においてはまずは「ナチュラルチーズ」と「プロセスチーズ（加工チーズ）」に大別されている。「プロセスチーズ」はチーズを加熱・融解（ゆうかい）して成形したもので、日本人には親しみのあるチーズだが、じつは20世紀生まれの新しいチーズだ。「ナチュラルチーズ」とは、「プロセスチーズ」以外のすべてのチーズである。

日本では「ナチュラルチーズ」という言い方をするが、チーズの歴史の長い国では「ナチュラルチーズ」という概念は薄い。多くの国では、ほとんどが「ナチュラルチーズ」だから、わざわざそう呼ぶ必要がないからだ。

「ナチュラルチーズ」の分類にかんしては、日本における一般的な分類が参考になる。以下の7つのタイプとなる。

①フレッシュタイプ
②非加熱圧搾（あっさく）タイプ（セミハードタイプ）
③加熱圧搾タイプ（ハードタイプ）
④白カビタイプ

⑤青カビタイプ
⑥シェーヴルタイプ
⑦ウォッシュタイプ

この7分類を大別すると、まずは「フレッシュタイプ」と他のタイプに分かれる。「フレッシュタイプ」とは熟成しないチーズであり、乳を短時間で乳酸発酵、凝固させたものだ。「フレッシュタイプ」以外のチーズは、熟成する。

熟成チーズには硬いタイプがあり、「非加熱圧搾タイプ（セミハードタイプ）」と「加熱圧搾タイプ（ハードタイプ）」がある。ともにチーズから時間をかけて水分を取り除いていくことで、硬く、長期間保存の可能なチーズとなる。「非加熱圧搾タイプ」と「加熱圧搾タイプ」の違いは、45度以上で加熱してあるかどうかだ。

「白カビタイプ」と「青カビタイプ」は、それぞれ白カビ、青カビを利用したチーズだ。硬質ではなく、軟質のチーズに仕上がる。

「シェーヴルタイプ」は、山羊（やぎ）の乳を原料としたチーズだ。チーズの原料には牛乳、羊乳もあるが、山羊乳のチーズのみを独立させている。ちなみに、青カビタイプにも山羊乳を使ったものがあるが、それは「シェーヴルタイプ」には分類しない。

「ウォッシュタイプ」は、チーズの表面を酒や塩水で洗ったチーズだ。チーズの表面にはリネンス菌が繁殖して熟成が進んでいき、たいていは匂(にお)いのきついチーズに仕上がる。

以上が日本で広まっている分類だが、世界のチーズの知見が深まっている現在ではこれに以下の3つのチーズを付け足すこともできる。

⑧乳清チーズ（ホエイチーズ）
⑨酵母タイプ（外皮自然形成タイプ）
⑩パスタフィラータタイプ

「乳清チーズ」は、文字どおり乳清（ホエイ）を主原料としてつくられるが、日本の法律上はチーズには分類されない。ホエイ中のタンパク質を加熱によって回収してつくるリコッタが有名だが、最近はホエイを長時間かけて加熱濃縮させたブラウンチーズにも注目が集まっている。

「酵母タイプ」は軟質チーズの熟成中に、酵母の働きによって表皮を形成していくものである。

「パスタフィラータタイプ」の代表は、「モッツァレッラ」チーズだ。「パスタフィラータタイプ」は、カードを湯で練ってつくる。生地ははずむような弾力(だんりょく)があり、糸状に裂ける。イタリアではピッツアに使われており、加熱するとよく伸びるのは誰しも知るところだろう。

2章

カトリック修道院の先導で欧州のチーズ文化が開花

新たな統治者となったゲルマン人たちが、チーズ文化に染まるまで

西ローマ帝国を消滅させたゲルマン人たちは、当初、西ローマ帝国内にあったチーズ文化に何ら敬意を抱かなかったようだ。おそらくは、農場の牛、山羊（やぎ）、羊を殺し、その肉を食し、街を掠奪（りゃくだつ）して満足していたと思われる。ローマ人が育て上げた西ローマ帝国のチーズ文化は危うい状態にあった。

けれども、ゲルマン人たちもしだいにチーズの美味しさ、高栄養を認め、チーズ文化を尊重するようになっていった。だからこそ、ヨーロッパの中世を通じて、各地で多様なチーズ文化が生まれるようになる。それはローマ時代以上の多様性であり、中世にはいまに通じる名高いチーズも誕生している。

ゲルマン人たちがローマ人のチーズ文化を価値あるものと認めるようになったのは、彼らが支配者になったからでもある。ゲルマン民族には諸部族があり、それぞれの部族は移動の末に、ヨーロッパ各地に王国を築いている。ゲルマン部族の長は、その国の王となり、統治する者となったのだ。

5世紀、いまのフランスにはブルグント王国、フランク王国が登場し、イタリア半島の一部は東ゴート王国の支配するところとなった。東ゴート王国滅亡ののち、イタリアのロンバルディア（ミラノを含むイタリア北西部）を征服したのは、ランゴバルド族だ。ロンバルディアの名は「ランゴバルド」に由来する。

現在、ロンバルディアはチーズの名産地になっているが、ランゴバルドが王国を築いていた時代、この地は湿地で、チーズづくりには向いていなかった。

ともあれ統治者となったゲルマン人たちは、これまでのように掠奪ばかりをしていられなくなる。大移動をくり返していた時代なら、その土地の富や食糧を奪いつくし、その土地がいかに荒れようとも構わなかった。奪いつくしたあとは、新たな掠奪先を探せばよかったからである。

けれども、その土地での定住を決め、統治するようになれば、土地が荒れたままでは困る。その土地から安定的に食糧を得られなければ、統治者たちも窮（きゅう）していく。さらに、安定した統治者にならないと、新参のゲルマン人部族の侵攻を撥（は）ね返せない。ゲルマン人の王たちは、統治した土地で持続可能な生活スタイルを求めるようになったのだ。

こうしてゲルマン人が安定した食糧の確保を目指すようになったとき、チーズは必然的に視野に入ってきただろう。なにしろ、チーズは保存のきく食品である。しかも、高栄養であり、ゲルマン人たちが統治者としての体力、知力を維持することにも効果がありそうだと思うようになると、もうチーズ文化の破壊者ではいられなくなる。

もちろん、そこには紆余曲折もあっただろうが、統治者となったゲルマン人たちはしだいにチーズ文化の価値を知り、これに依存していくようになった。

ただ、いったん破壊の危機にまで瀕したヨーロッパのチーズ文化は、すぐに昔のようには復興しない。チーズ文化を復活させていくには新たなる土地が必要であり、同時に知識のある者たちも必要だった。ゲルマン人たちが統治を始めたヨーロッパで、この役割を担ったのがキリスト教の司教や修道院である。

ベネディクト派修道院の努力で、復活を遂げたチーズ文化

西ローマ帝国崩壊後、西ヨーロッパ各地にあったチーズ文化は消滅の危機にあったが、これを存続・再生させたのはキリスト教の司教や修道院である。とくに初期の段階では、ベネディクト派修道院の存在がじつに大きかった。

キリスト教の司教や修道院が、チーズ文化の存続・再生の原動力となったのは、彼らこそローマ時代のチーズ文明の継承者であり、ゲルマン民族の暴力に屈しないくらいの力を持った存在であったからだ。

西ローマ帝国が滅んだ5世紀には、キリスト教はすでに西ローマ帝国の元版図に根づいていた。草創期のキリスト教はローマ帝国によって迫害されたが、392年、テオドシウス帝によってローマ帝国の国教となっていた。ローマ帝国の庇護のもと、キリスト教はローマ帝国内に定着し、各地のキリスト教の司教や修道院は土地を持ち、ひとつの勢力にさえなっていた。

476年に西ローマ帝国が消滅してのち、それまでの西ローマ帝国内は混沌状態に陥る。混沌のなか、司教や修道院は住人たちの拠りどころとなり、さらにはローマ文化を保持する場ともなっていた。各地の農場を荒らし、家畜を殺し、その肉を食したであろうゲルマン人たちも、キリスト教の司教や修道院の農場には簡単には手が出せなかったと思われる。

キリスト教の司教や修道院は、たいてい農場を持っている。それは自給自足のためでもあれば、聖餐のためでもある。

キリスト教の聖餐には、パンとワインは欠かせない。イエスは最後の晩餐にあって、パンをみずからの「肉」、ワインをみずからの「血」とした。それゆえに司教や修道院は農場で小麦と葡萄を栽培しただけでなく、家畜を飼い、チーズをつくったのだ。チーズは聖餐にはかならずしも必要ないが、司教や修道院で働く者にとっての栄養源となっていたのだろう。

司教や修道院がワインやチーズをつくったのは、それらを売ることで収入を得るためでもあった。しかも、当時の司教や修道院は、キリスト教徒のための宿泊までも提供している。まだホテルもない時代、旅人を受け入れてくれるのは司教や修道院くらいしかなかった。司教や修道院は、旅人にパンにチーズ、ワインを提供し、これにより衆望を得てもいたのだ。

そのなかでもっとも大きな存在になったのが、聖ベネディクトゥスによるベネディクト派修道院だろう。聖ベネディクトゥスは、西ローマ帝国が崩壊してのちの４８０年頃に生まれ、６世紀末にイタリア半島にモンテ・カッシーノ修道院を設立している。

彼は「祈り、そして働け」というベネディクトゥス戒律を掲げ、修道士の守るべき徳目を「清貧・貞潔・服従」であるとした。彼の修道院での運動は、その後のキリスト教修道院の模範となる。

こうして西ヨーロッパ各地にベネディクト派修道院が生まれ、ベネディクトゥス戒律をうたう修道院では、修道士が農場で勤勉に働いた。おかげで、ベネディクト派修道院はそれぞれの地域経済のひとつの核にさえなった。と同時に、彼らの布教運動によって、西ヨーロッパのキリスト教化が進んでいったのである。

ベネディクト派修道院では、チーズづくりを積極的に進めていったようだ。「祈り、そして働け」という戒律を守る修道士が真面目にチーズをつくるのだから、チーズの品質がよくならないはずがない。ベネディクト派修道院のなかでチーズ文化は復興を遂げ、さらには進化さえ始めていくのだ。

フランスの修道院で生まれた「マンステール」チーズ

ベネディクト派修道院を中心とする司教、修道院によるチーズづくりは、7世紀に大きく結実する。フランスのヴォージュ山脈にある修道院で、「マンステール」チーズが誕生したのだ。

ヴォージュ山脈に修道院が建てられたのは、668年頃といわれる。イタリアからやって来たベネディクト派修道士たちがこの地に住み着き、修道院を建てた。そののち、彼らは農場で牛を飼い、チーズをつくり始めた。彼らはつくったチーズをみずからの胃袋を満たすだけのものとはせず、近隣の村民たちにも配っていた。

そのチーズのまろやかなうまみがやがて評判となり、チーズは「モナステール」と呼ばれるようになった。「モナステール」は、フランス語で「修道院」を意味する。つまり、ヴォージュ山脈の修道院がつくるチーズを、近隣の者たちが「修道院のチーズ」と讃えていたのだ。その「モナステール」を語源とする名称が「マンステール」であり、「マンステール」チーズは、今日ではフランスのみならず、世界で親しまれている。

「マンステール」チーズは、ウォッシュタイプの一種である。ウォッシュタイプは、もっとも匂いのきつい、いわば臭いチーズといわれる。

ただ、味わい自体は匂いからはうかがえないような繊細さ、まろやかさがある。外皮を塩水や酒で洗いながら熟成させるタイプのチーズであり、外皮はオレンジ色をしている。ただ、中は淡いベージュ色だ。

「マンステール」チーズもまた、匂いのきついチーズだが、なめらかな味わいで名声を得ている。修道院生まれのチーズのひとつにすぎないが、高名になった修道院産チーズの嚆矢でもあり、以後、修道院からは名チーズが陸続と生まれていく。

イスラム勢力の侵攻が南西フランスに山羊チーズをもたらした?

西ローマ帝国を瓦解へと追いやったゲルマン人たちだが、彼らはやがて西ヨーロッパ各地に王国を築いていく。そして、修道院の活動にも触れて、しだいにキリスト教化されていく。なかでもその後の歴史に影響を与えたのが、フランク王国のキリスト教化である。そして、キリスト教化されたフランク国王とその子孫たちのなかから、チーズの保護者も生まれた。

5世紀の終わりには現在のフランス全土を勢力圏に収めていたフランク王国では、キリスト教による住人統治を円滑にすべく、クローヴィス王がアタナシウス派という正統のキリスト教へ改宗する。

そのフランク王国が8世紀に立ち向かわなければならなかったのが、イスラム勢力との対決だ。7世紀、アラビア半島でムハンマドがイスラム教を説き始めてのち、イスラム勢力は爆発的に拡大。北アフリカを西に進んだのち、イベリア半島までを版図に収めた。

イベリア半島を征服したイスラム教徒のアラブ人たちは、ピレネー山脈を越え、フランスになだれこんできた。当初の狙いはトゥールのサン・マルタン修道院の破壊と掠奪だったと思われる。

これに対して７３２年、フランク王国の宮宰カール・マルテルが、トゥール・ポワティエ間でアブド・アッラフマーン率いるアラブ騎兵を迎撃、勝利を収めた。この勝利により、フランク王国はイスラム勢力をピレネー山脈よりも西に押し戻し、フランスはイスラム化を免れている。

ただ、フランスに侵攻したイスラム教徒のアラブ人は、フランスに置き土産をしていた。彼らは侵攻に際して、山羊を一緒に連れて行き、退却時には山羊をフランスに捨て置いていったとされる。これにより、フランスの西部では、山羊乳を使ったチーズづくりが始まったという説もある。

山羊の多い南西フランスでの山羊乳チーズ（シェーヴルタイプ）のひとつが、「シャビシュー・デュ・ポワトゥー」である。「シャビシュー」とは、アラビア語で「山羊」を意味する「シェブリ」が現地語化したものだ。「ポワトゥー」はフランスの地名であるから、「シャビシュー・デュ・ポワトゥー」は、「ポワトゥーの山羊チーズ」という意味となる。

「シャビシュー・デュ・ポワトゥー」の製法は、山羊乳を乳酸菌で凝固(ぎょうこ)させ、自然脱水により、外皮を形成していく。爽(さわ)やかさとキメ細かさを特徴とするチーズである。

ただ、アラブ人の置き土産が「シャビシュー・デュ・ポワトゥー」となったのは、単なる伝説だともいわれる。チーズには、そのチーズを売り出すための「物語(ナラティヴ)」が多い。後述する皇帝ナポレオンとチーズにまつわるナラティヴのように、ナラティヴによって、人はそのチーズの味わいが深まるような錯覚さえも起こす。アラブ人の置き土産物語は、都合のいい「ナラティヴ」なのか、それとも真実なのかどうかはわからない。

フランスのシェーヴルタイプには、ほかに有名なものに「サント・モール・ド・トゥレーヌ」がある。円筒形のチーズであり、真ん中に藁(わら)が通されているのは、型崩れを防ぐためだ。表皮には木炭がまぶされていて、熟するほどにコクが生まれる。

カール1世の「伝説」をつくったチーズの正体とは

トゥール・ポワティエ間の戦いでイスラム勢力を破り、その名を上げたフランク王国では、768年にカール(シャルルマーニュ)1世が即位する。カールはローマ教皇の要請を受けて、イタリア半島で暴れていたランゴバルド王国を滅ぼし、東方でザクセン（サクソン）人に攻勢を仕掛け、フランク王国を巨大化させた。８００年にはローマ教皇からローマ皇帝の冠を授与され、カールは皇帝ともなった。

「カール大帝」とも称されるカール１世は、じつはワインの保護者であり、さらにはチーズの保護者でもあったと思われる。

カール１世によるワインをめぐる「ナラティヴ」は有名である。カール１世はブルゴーニュによい葡萄畑を持ち、これをソーリューの寺院に寄進したという逸話がある。この畑が、いまの「コルトン・シャルルマーニュ」とされる。「コルトン・シャルルマーニュ」は、ブルゴーニュ屈指の風味を持つ白ワインとして名高い。あるいは、ドイツのワイン銘(めい)醸地(じょうち)ラインガウを見いだしたのも、カール１世といわれている。

ただし、彼は大酒飲みが嫌いであり、好きな食べ物は肉とチーズだったという。農耕の振興にも熱心であり、王国内を旅しながら、各地の農業事情を見て歩いていた。ゆえに彼はワインとチーズの保護者であったと思われるのだ。

カール１世とチーズにかんしても、有名な「ナラティヴ」がある。カール１世が旅の途中、ある司教を訪問したとき、チーズが供された。

外皮をナイフで切り取り、内部の白い部分を食べようとしたところ、司教が「なぜ、外皮を取り除かれるのですか。そこがもっとも美味しい部分でございます」と説明した。切り取った外皮を口にしたところ、その美味しさに驚嘆(きょうたん)した——というものである。カール1世はそのチーズを気に入り、毎年、馬車2台分を自分の元に届けるように命令もしている。

では、カール1世が賞賛したそのチーズが何だったかというと、白カビタイプかウォッシュタイプではないかとされる。白カビタイプは、白カビを外皮にまとったチーズであり、外皮はやや硬いが、内部はじつに軟らかい。ウォッシュタイプにも外皮があり、彼はこの外皮を最初は敬遠したのではないかとされる。

ただ、これには異説もある。カール1世が食したチーズは、青カビタイプではなかったかというのだ。青カビタイプは、チーズの生地全体に意図的に青カビを発生させたチーズである。青カビタイプにも白カビタイプと同じように外皮があるが、カール1世は外皮ではなく、青カビを取り除いていたのではないか、というわけだ。

物語では、カール1世は外皮を取り除いていたように語られているが、これは何らかの口伝(くでん)の誤りか記載ミスで、じつは取り除いていたのは青カビだったというのだ。青カビタイプだとしたら、「ロックフォール」チーズ（後述）ではないかとされる。

カール1世の時代、すでに「マンステール」チーズのようなウォッシュタイプも存在していた。彼もチーズの外皮が美味であることぐらい知っていそうだから、見慣れない青カビを警戒していたともいえる。

このような物語が伝わるあたり、カール1世がチーズの保護者であった可能性は大きいといえるだろう。司教や修道院を通じてワインやチーズの保護者となり、彼の王国内ではチーズが新たな進化を始めていたのだ。

クリュニー修道会によって、さらに高められたチーズの品質

フランク王国はカール1世の時代に全盛を迎えたのち、やがて9世紀には分裂してしまう。フランク王国は、東フランク、西フランク、中フランクの3国に分かれ、それぞれが今日のドイツ、フランス、イタリアとなっていく。その過程で「フランク」という名は、「フランス」に継承されている。

フランク王国が分裂しても、西ヨーロッパにおけるチーズ文明は危機には瀕（ひん）しなかった。

すでにゲルマン人の統治者もチーズのうまみ、高栄養を知り、チーズづくりを保護・推進しようという方向に傾いていたと考えられる。また、もともと西ヨーロッパでのチーズ復興の旗手であった司教や修道院は、さらなる改革に取り組み、それがチーズ文化を広めていたとも思われる。

司教や修道院による改革の新たなリーダーとなったのが、クリュニー修道院である。クリュニー修道院は、910年にフランスのブルゴーニュ地方に創建され、「祈り、そして働け」というベネディクトゥス戒律の厳格な実践を目指した。ローマ教皇直属の修道院であり、優秀な修道院長を次々と輩出している。

たしかに6世紀以来、ベネディクト派修道院がベネディクトゥス戒律を掲げ、修道院を改革・前進させてきた。ただ、修道院が大きな収益を得るようになると、規律も緩んでいく。それはキリスト教への信認を損なうものであり、新たな改革が必要であった。その改革の新たなリーダーが、クリュニー修道院を中核とするクリュニー修道会だったのだ。

これまでチーズにかんする書籍では、中世の西ヨーロッパでチーズづくりに貢献してきたのは、ベネディクト派修道院、シトー派修道会（後述）であるとし、クリュニー修道会の名は見られない。

しかし、クリュニー修道会は、西ヨーロッパのチーズ生産拡大に貢献してきたと推察できる。というのも、西ヨーロッパ各地のクリュニー修道会が荒れ地を開墾（かいこん）し、多くの農地を保有するようになっていったからだ。当時、ヨーロッパでは鉄製農具が使われ始めており、開墾は以前よりも容易になっていた。西ヨーロッパでは農業革命が進行し、クリュニー修道会はその先端をいっていた。

クリュニー修道会が多くの農場を持つようになったのは、パンとワインを得るためであったが、当然、家畜も飼う。家畜の乳はチーズづくりに回され、クリュニー修道会の農場経営が大規模化するほど、チーズの生産は増えていったと思われる。

クリュニー修道院には、封建領主の後押しもあった。そこには、クリュニー修道院のあるブルゴーニュの地政学的な地位が絡んでいる。10世紀当時、ブルゴーニュは東フランク王国（ドイツ）と西フランク王国（フランス）のあいだに位置し、ふたつの勢力が角逐（かくちく）する場であった。

フランスはブルゴーニュをドイツに対する防衛ラインと見なし、ブルゴーニュの中核であるクリュニー修道院を支援した。ブルゴーニュの封建領主もクリュニー修道院の力をあてにするようになり、進んで土地を寄進していたから、クリュニー修道院は大土地所有者になっていたのだ。

大土地所有者になったクリュニー修道院には、経済力があった。おかげで、ヨーロッパに１５００の分院を持つほどの勢力になっていたのだ。

ワインで名高いシトー派修道会は、チーズの品質も向上させていた？

クリュニー修道院に続いて、修道院の新たな改革者になったのが、シトー派修道会である。シトー派修道会は、１０９８年にクリュニー修道院のロベールによってフランスのブルゴーニュで設立された。クリュニー修道院同様、「祈り、そして働け」のベネディクトゥス戒律にどこまでも忠実であろうとした修道院である。

シトー派修道会が生まれた直接の原因は、クリュニー修道院の堕落（だらく）にある。厳格なベネディクトゥス戒律を唱えるクリュニー修道院だが、勢力が拡大し、収益も拡大していくうちに、その規律は緩む一方であった。それに対し、シトー派修道会は原点回帰を目指したのだ。

シトー派修道会はブルゴーニュの森の奥深くに入り、「祈り、そして働け」を実践した。

彼らもまた農地を開墾し、農場を広げていったが、同時に生産物の品質向上を目指した。

それが典型的に表れているのは、ワインの世界においてである。シトー派修道会の修道士たちは、ワインづくりにあたって、いかにその土地の特質を引き出すかを研究、腐心し、今日のブルゴーニュの銘醸畑を開拓した。高名な赤ワイン「クロ・ド・ヴージョ」の品質を確立させたのも、シトー派修道会である。

シトー派修道会はワインの品質向上に知力と精力を注いだが、その知力、精力がチーズづくりにも向けられていたとしても何ら不思議ではない。いかにその土地の風土に適したチーズを生み出すか、彼らも考え、実践していたのではないだろうか。

実際のところ、今日の名チーズには、シトー派に限らず、修道院生まれが少なくない。たとえば、フランスの東北部の「マロワル」チーズだ。マロワル村で7世紀に生まれたといわれるこのチーズをつくったのは、ベネディクト派の修道士であった。

920年、マロワル村は近くのカンブレーに合併され、「マロワル」チーズは「クラクロン」という名に変わる。しかし、名は変わっても、「マロワルの傑作」と讃えられ続けたため、13世紀にカンブレーの司教はこのチーズを「マロワル」と命名したのだ。

「マロワル」チーズは、ウォッシュタイプの一種である。他のウォッシュタイプ同様、匂いはきついが、中はコクがあり、まろやかである。

イタリアの修道院が確立させた「パルミジャーノ・レッジャーノ」

修道院によって確立されていったと思われるチーズのひとつに、イタリアの「パルミジャーノ・レッジャーノ」がある。

加熱圧搾（あっさく）タイプ（ハードタイプ）の一種で、原料は牛乳であり、重さは30キログラム以上にもなる。その特性のひとつが、生産に大量の牛乳を必要とすることだ。ふつう1キロのチーズをつくるには10リットルの牛乳があれば十分だが、「パルミジャーノ・レッジャーノ」の場合、16リットルもの牛乳が必要となる。その水分は熟成のなかで、消えていく。熟成は平均2年で、最大で4年もの長さになる。

その原型は、すでに古代ギリシアや古代エトルリア、古代ローマにあったと思われる。古代、彼らはおろし金でチーズをすりおろしていたわけで、それは「パルミジャーノ・レッジャーノ」のような硬いチーズであったと思われる。ただし、「パルミジャーノ・レッジャーノ」として確立されていくのは、中世のことのようだ。

その名は、北イタリアに広がるロンバルディア平原のパルマとレッジョという地名に由来する。イタリア一の大河ポー川の南、アペニン山脈の麓に位置するこの一帯は、いまはチーズの名産地だが、かつては湿地帯であり、チーズづくりには適さなかった。

そこに登場するのが、ベネディクト派の修道士たちである。彼らはポー川の右岸に広がる湿地の灌漑、開拓を始め、やがて12世紀にはシトー派の修道士もこれに続いた。修道士たちの働きによって、ロンバルディア平原の南部は農地や牧草地に変わり、チーズづくりも行なわれるようになっていった。

「パルミジャーノ・レッジャーノ」の名声は、やがてイタリア以外の国にも轟くようになる。17世紀のイングランドでも、その名声を誇った。

この頃、ロンドンに海軍省書記官を務めていたサミュエル・ピープスという人物がいた。彼はフランス・ボルドー地方の「シャトー・オー・ブリオン」とおぼしきワインについての古い記述を残していることでも知られるが、ロンドンは１６６６年に大火に襲われる。

このとき、ピープスとその隣人は大火から財産を守るために、穴を掘った。そして、その穴には、高価なワインとともに「パルミジャーノ・レッジャーノ」も埋めたという。ただし、大火の熱でワインや「パルミジャーノ・レッジャーノ」がどうなったかはわからないが……。

ちなみに、アメリカやオーストラリアで生産される「パルメザンチーズ」はこの「パルミジャーノ・レッジャーノ」がモデルとなっているが、原産地や製法が明らかに異なるため、違うチーズとして認識するべきで、けっして混同してはいけない。

教会や修道院への「十分の一税」にもなっていたチーズ

中世の西ヨーロッパは、キリスト教の司教、教会、修道院をひとつの核として形成されていったといっていい。

司教、教会、修道院は、封建領主以上の力さえ持っていた。チーズづくりひとつとっても、その中心にあったのは修道院であり、封建領主や農民も修道院の影響を受けた。農民はチーズの作り手にもなっていった。

封建領主は「荘園」といわれる農地を持ち、ここで「農奴（のうど）」といわれる農民を働かせていた。封建領主は農民を土地に縛りつけ、貢納（こうのう）と賦役（ふえき）を押しつけていた。封建領主は国王に対しても強く、国王の役人を農場には入れなかったし、国王による課税も拒否していた。

そうした封建領主でも、司教、教会、修道院には逆らえなかった。教会や修道院は、農民に対して「十分の一税」を負担させていた。国王の荘園内への介入を拒否してきた封建領主たちも、教会、修道院の農民に対する課税を認めざるを得なかったわけである。

農民が「十分の一税」で何を教会や修道院に納めていたかというと、たいていは収穫物である。そのなかには、乳やチーズもあった。

たとえば、山羊を飼っている農民の場合、教会や修道院に山羊乳や山羊チーズを納めたが、その教会や修道院が住むところから近いか遠いかによって納めるものが違った。教会に近い農民には保存のきかない山羊乳が、そして、教会から遠い農民には保存のきく山羊乳チーズが税として求められたのだ。

このことは、すでに農民がチーズを独自につくっていたことを示す。古代、チーズは一部の権力者たちのものであったが、中世には農民の生産するところとなっていたのだ。

チーズは中世ヨーロッパの農民にとって貴重なタンパク源だった

中世ヨーロッパにあって、農民がチーズをつくっていたのは、彼らにとって死活問題でもあったから、という側面もある。チーズは農民にとって貴重なタンパク源だったのだ。

いまでこそ、ヨーロッパでは農民に限らず、ほとんどの人が肉食を好み、肉を食するのが当たり前になっている。ただし、それは近世、ジャガイモがヨーロッパで栽培されるようになって以降のことだ。

まだジャガイモがなかった中世において、ヨーロッパの農民は、飢えと隣り合わせのような状態にあった。小麦から得られるカロリーは、とうてい後世のジャガイモから得られるカロリーに及ばない。ジャガイモ栽培によって、ようやくヨーロッパの農民は満腹というものを知り、余ったジャガイモで豚を飼うようになったのである。

中世ヨーロッパの農民の食事といえば、パンにワイン、チーズ、スープといったところだ。毎日毎日、同じメニューがテーブルに並んでいた。スープは、たいていは野菜や豆を煮こんだもので、たまに肉や塩漬け肉、魚が少し入るぐらいであった。

このように、ヨーロッパの農民が肉から得られるタンパク質の量は、知れたものであった。チーズがあったからこそ、ヨーロッパの農民はタンパク質を補給でき、毎日の労働が成り立っていたのである。

中世ヨーロッパの農民の仕事は、重労働といってよかった。そのため何度も間食を摂(と)っていたのだが、その定番はスープに浸したパンか、チーズに溶かしたパンであった。間食でも、チーズは重要な地位を占めていたのだ。もちろん、王侯貴族もチーズを食べていたから、ヨーロッパではチーズが完全に一般社会に定着していたといえる。

現在、ヨーロッパのホテルでビュッフェ式の朝食を摂ると、たいていはビュッフェ台に多くの種類のチーズが並んでいるものだ。チーズ食が中世以来根づいていたことを物語っているといえよう。

「ノルマン・コンクェスト」により、イングランドはチーズ輸出国に

西ヨーロッパでは9世紀のフランク王国解体ののち、ドイツ、フランス、イタリア半島はそれぞれ独自の道を歩んでいった。それぞれの国では、各地に建てられた修道院がチーズの復興、進化を担っていた。

ブリテン島（イギリス本島）を見ると、修道院がチーズの復興、進化の中核であるところは大陸と同じである。ただ、ブリテン島は、中世のドイツ、フランス、イタリアとは少し異なる歴史とチーズ事情がある。

中世のブリテン島にはイングランド、ウェールズ、スコットランドの3つの国があり、抗争をくり広げていた。そのなかで力を持っていたのは、ロンドンを中心とするイングランドであったが、現在につながるイングランドの誕生は11世紀になる。

11世紀半ばまで、イングランドの王は大陸からやって来たゲルマン人の一派アングロ・サクソン人だった。だが、アングロ・サクソンの王たちは、たびたび襲来してきたデーン人に屈していた。デーン人とは、ヴァイキング（ノルマン人）の一派であり、いまのデンマークの源流を成してもいる。つまり、イングランドの住人は、外敵から攻められっぱなしだったのだ。

そんななか、1066年、フランスのノルマンディーにあったノルマンディー公ギョーム2世がイングランドを征服し、イングランド国王ウィリアム1世として即位する。これは「ノルマン・コンクエスト（征服）」と呼ばれ、ノルマン朝の始まりである。現在のイギリス王室も、ノルマン朝の始祖ウィリアム1世の血統をひくから、「ノルマン・コンクエスト」はイギリスにとって画期的な事件であった。

ウィリアム1世は、フランス語を話すフランス人だったが、その祖先はノルマン人である。ノルマン人がフランスに住み着き、その子孫はフランス国王の臣下となり、イングランド国王ともなったのである。

「ノルマン・コンクェスト」はイングランドと大陸を結びつけるものでもあり、これを機に、イングランド産チーズの大陸への輸出が始まっている。もともとイングランドには、チーズづくりの伝統があった。それは、古代にこの地に渡ってきたケルト人たちによって始まり、ローマ人の征服によって、ローマのチーズづくりの技術も伝わっていた。

その後、大陸からやって来たアングロ・サクソンの王たちは、しだいにチーズを気に入り、農園を営む貴族たちからチーズを献上させてもいた。つまり、イングランドにはもともとチーズづくりの伝統があり、余力もあったのだ。

そこに、「ノルマン・コンクェスト」である。フランスのノルマンディー公がイングランド国王になったのだから、イングランドとノルマンディーのあいだにはパイプができる。ウィリアム1世とともにイングランドに渡ったノルマンディー出身の貴族たちは、みずからが得た農場を、故郷のノルマンディーの修道院に寄進もしていた。

そこから先、ノルマンディーの修道院は、みずからが手にしたイングランドの農場のチーズを輸出する権利を獲得し、大陸へ輸出を始めたのだ。

イングランド産チーズは大陸でも評判を得て、大陸各地からも求められるようになってきた。「ノルマン・コンクェスト」によって、イングランドはチーズの輸出国になったのである。

イングランドで羊チーズの生産・輸出が盛んになった事情とは

ノルマン朝から始まったイングランドで、12世紀頃から盛んになったのが、羊毛の生産である。

もともとイングランド南部は気候に恵まれており、よい牧草地が多かった。イングランドの農場では主に羊を飼い、羊毛を輸出していた。主な輸出先は、フランドル（現在のベルギーとフランス北西部）とイタリアのフィレンツェである。とくに重要なのは、フランドルだった。

フランドルは、イングランドから輸入した羊毛を毛織物に仕立て、ヨーロッパ各地に売っていた。その評判が高まるほどに、フランドルは羊毛を欲するようになったから、イングランドでの羊飼育はさらに盛んとなった。

ここに、チーズも絡んでくる。イングランド産チーズの主な輸出先のひとつとなっていたのも、フランドルであった。フランドルは毛織物産業で栄え、人口が増大していた。その人口をまかなうための穀物を増産するために、羊の牧場を穀物用の農地に変えてしまっていたのだ。

自国でのチーズ生産がおぼつかなくなったフランドルは、イングランド産チーズを欲した。そして、そのチーズ代金を支払うために、なおいっそう毛織物産業が盛んになり、イングランド産羊毛を欲するというスパイラルがあったのだ。

一方、イングランドには、フランドルにいくらでもチーズを輸出できる余裕があった。羊毛増産のため、羊の頭数がじつに多かったからだ。羊の頭数が増えれば当然、羊乳が余る。余った羊乳を活用するためにチーズづくりがさらに盛んとなった。

イングランドで牧羊を営んでいたのは、封建領主、富裕農民に修道院であった。とくに修道院の牧羊は大規模であり、数万頭の羊を飼っていたケースもある。13世紀、羊毛の輸出用に飼われていた羊だけで、8000万頭以上いたという。

この時代、大陸では牛や山羊の乳がよくチーズに使われていたが、イングランドはやや異色であったのだ。

英仏百年戦争が終わらせた、イングランドの羊乳チーズづくり

13世紀、イングランドでは羊毛生産と同時に、羊乳チーズづくりが盛んであった。しかし、13世紀を頂点として、イングランドでの羊乳チーズづくりは衰退していく。代わりに浮上したのが、牛乳チーズである。

イングランドで羊乳チーズから牛乳チーズへの移行が進んだのは、当時の住人の嗜好(しこう)の変化もあったとも思われるが、大きな要因は、羊毛生産がかつての勢いを失ったからだ。イングランドでは、13世紀の後半から15世紀にかけて、たびたび羊たちが病気に侵(おか)され、死んでいったのだ。

こうしてイングランドの羊毛生産がふらついていったところに、1339年から英仏百年戦争が始まった。

百年戦争は、イングランド王エドワード3世が、フランスの王位継承を主張したことが端緒(たんしょ)となった。実際のところ、エドワード3世はフランス・カペー朝の王フィリップ4世の孫でもあったから王位継承の根拠はあったのだが、フランス側が呑(の)めるはずもない。フ

ランスとイングランドには他にもいざこざがあったため、エドワード3世は軍勢を率いてフランスに上陸、百年戦争が始まった。

百年戦争は、１００年間絶え間なく続いたわけではなく、しばしば休戦期間があった。常に優勢であったのはイングランドのほうで、一時、フランスは亡国の窮地（きゅうち）にまで追いこまれた。結局、最後にはフランスがイングランド軍を国外へと叩き出して終わるのだが、この百年戦争がイングランドの羊毛生産に大打撃を与えた。

というのも、百年戦争のあいだ、しばしば羊毛を大陸に輸出できない時期があったからだ。これにより、イングランドでの羊毛生産は落ちこみ、羊乳チーズの生産も減っていた。

一方で百年戦争は、イングランドのチーズづくりにあって、羊乳チーズから牛乳チーズへと切り換えるよい機会にもなっていた。イングランド軍が、兵士のためのチーズを常に自国に求めるようになっていたからだ。

戦争によるチーズ需要が多くなったこともあり、ぐらついていた羊の飼育から牛の飼育に切り換え、牛乳チーズの生産に向かったのである。

こうしてイングランドでひと頃隆盛した羊乳チーズはしだいに姿を消し、牛乳チーズが一般化していったのだ。

百年戦争のさなか、仏国王を魅了した「ロックフォール」チーズ

英仏百年戦争は、イングランドにおける羊乳チーズの時代の終わりを告げるものとなったが、この時代、フランス国王とチーズがつながりを持っている。フランス国王シャルル6世が、「ロックフォール」チーズをつくる村民に熟成の独占権を与えたのだ。

じつのところ、シャルル6世はフランスの歴代国王のなかでは、不名誉な国王だ。というのも、彼は精神を病んでおり、国王としては心許(こころもと)なかったからだ。百年戦争にあって、彼の時代、フランス軍はイングランドのヘンリ5世率いる軍勢にアザンクールの戦いで完敗を喫している。

パリも陥落寸前にあったから、フランスはイングランドに屈伏するかたちで1420年にトロワ条約を結んだ。この条約においてフランス側は、イングランド王ヘンリ5世もしくは彼の子孫が、シャルル6世の後継王位に就くことを約束させられている。

実際、ヘンリ5世とシャルル6世がともに死去したのち、ヘンリ5世の子であるヘンリ6世がフランス国王に即位しているが、この王はいまのフランスでは「無いもの」扱いと

なっている。

「ロックフォール」チーズは、すでに紹介したようにカール1世を魅了したのではないかとされる青カビタイプだ。このチーズの誕生には、伝説もある。

ある羊飼いが洞窟で食事中、たまたま外に美しい娘が歩いているのを見かけた。彼は食事を中断し、娘を追いかけていった。洞窟に残されたのは、パンと凝乳であった。

こののち、羊飼いが洞窟に戻ってくると、凝乳に青いカビのようなものが生えているではないか。ただ、いまと違って贅沢のいえない時代である。羊飼いが思い切って食べてみると、刺激こそあるが、じつに美味であった。そこから「ロックフォール」チーズは生まれたというものだ。

このような伝説が生まれるぐらい、「ロックフォール」チーズは人を魅了し、シャルル6世も惚(ほ)れこんだ。そこで、彼はロックフォール＝シュル＝スールゾンの村民に「ロックフォール」チーズの洞窟内での熟成の独占権を与えたのである。

それは、現在の「原産地呼称統制（フランス語でＡＯＣ）」の原型のようなものであった。いまでも「ロックフォール」チーズの熟成は、その村の洞窟内で行なわれている。

「ロックフォール」チーズは、青カビタイプの仲間であり、羊乳からつくられている。純白の生地に青い模様があるため、初めて食べる際はちょっと構えるだろうが、青カビの刺激とまろやかさが溶け合うと、人を魅了する。

じつのところ、「ロックフォール」の美味しさは、熟成のときに使われる洞窟に秘密があるのではないかとされている。洞窟の亀裂から吹きこむ空気によって、洞窟内の温度、湿度が青カビの生育に適した条件を整えている、というものだ。

18世紀、フランスの思想家ディドロは、『百科全書』を編纂(へんさん)し、そのなかで「ロックフォール」を「ヨーロッパで最高のチーズ」と記している。

フランスの美食王たちによって、地方チーズの名声も高まる

フランス国王シャルル6世と「ロックフォール」チーズの関係が示すように、名チーズは国王によって有名になるケースが少なくない。とくにフランス国王は自国の地方チーズを愛したようで、フランスの美食王たちによって、地方チーズの名声が上がっていった。

そのひとつが、フランスの東南部ドーフィネ地方で生産される「サン・マルスラン」チーズだ。「サン・マルスラン」チーズに魅了されたのは、15世紀のフランス国王ルイ11世で

ある。ルイ11世の統治時代、会計簿には「サン・マルスラン」の記述がある。

ルイ11世は、英仏百年戦争ののちにフランス国王となった人物だ。彼によりフランスの中央集権化が進み、宿敵であったブルゴーニュ公国を解体させ、接収もしている。

「サン・マルスラン」チーズとルイ11世のあいだにも、伝説がある。ルイ11世がまだ王子時代にドーフィネ地方で狩りをしていたとき、熊に襲われた。このとき、ふたりのきこりが助けてくれ、王子に「サン・マルスラン」チーズを食べさせた。すると、王子の負ったケガがすぐに治ったという。

ただ、「サン・マルスラン」チーズが全フランスにその名を知られるようになったのは、ルイ11世の時代よりもずっと後世ともされる。19世紀、ルイ・フィリップ1世がフランスの国王だった時代、首相のカジミール・ペリエが「サン・マルスラン」を食べて、絶賛している。以来、その名声が高まったともいわれる。

すでに紹介した「マロワル」チーズは、歴代フランス国王に認められたチーズである。フィリップ2世、シャルル6世、ルイ11世、アンリ4世らに愛された。

1180年に即位したフィリップ2世は、フランスで「尊厳王」と讃えられる存在だ。彼はフランスに侵食していたイングランド王との抗争に勝利し、フランスの王権を拡大させている。

1589年に即位したアンリ4世は、ブルボン朝の祖である。彼は宗教対立で分裂寸前にあったフランスにあって、ナントの勅令（ちょくれい）を発し、新教徒であるユグノーの信仰の自由と市民権を認めた。彼は「マロワル」チーズ欲しさに、パリのチーズ売り店にみずからの足で出かけ、小銭で代金を払っていたという。

そのアンリ4世の孫に当たるのが、「太陽王」といわれたルイ14世である。ルイ14世はヴェルサイユ宮殿を造営するなどして、フランスに栄光をもたらした人物である。と同時に、祖父の発したナントの勅令を廃してユグノーの商工業者をフランス国外に追いやってしまったため、フランスの凋落（ちょうらく）を招いた人物でもある。

そのルイ14世が好んだのが、オーヴェルニュ地方（フランス中南部）で産する「サン・ネクテール」チーズだ。ルイ14世がオーヴェルニュ地方で隠遁（いんとん）していた元帥を訪ねた際、「サン・ネクテール」チーズを供され、その美味に驚嘆したという。この故事が「サン・ネクテール」の名声を高めている。

「サン・ネクテール」チーズは、ルイ14世の時代よりもはるか昔、中世には存在していたという。当時は「フロマージュ・ド・グレオ」、あるいは「フロマージュ・ド・セーグル」

と呼ばれていたようだ。

「サン・ネクテール」は、非加熱圧搾タイプ（セミハードタイプ）の一種である。非加熱圧搾タイプは、もっとも種類の多いチーズであり、さまざまな個性を持っている。「サン・ネクテール」は、ライ麦の藁（わら）の上で熟成され、ナッツのような濃厚な風味で知られる。

「グリュイエール」チーズが貧しいスイスの救いとなった理由

スイスはいまでこそヨーロッパ屈指の豊かさを誇る国であり、物価も高い。けれども、かつては貧しかった。冷涼な気候のうえに山岳地帯が多く、穀物栽培に適した平地が少ない。住人は農牧業で何とか生活を成り立たせるか、あるいは傭兵（ようへい）となって、近隣国に出稼ぎに行くしかなかった。

中世において貧しいスイスの希望の星となっていたのは、チーズづくりだ。優秀なチーズをつくれば、他国へ輸出でき、稼げるのだ。

もともと、スイスにはローマ帝国以前からチーズづくりの伝統があった。古代のスイスには、ケルト人の一派であるヘルヴェティア人が居住していた。ケルト人が優秀なチーズの作り手であったように、ヘルヴェティア人もまたよいチーズをつくり出していたと思われる。スイスは1世紀にはローマ帝国に吸収されていたから、ローマのチーズ製造技術も有していただろう。

スイスのチーズ製造技術が高くなったのは、山岳地帯という環境にある。冷涼な山岳地帯は牛の飼育に向く一方、冬は厳しく、食糧難に陥り(おちい)やすい。そのため、スイスの住人は冬季の飢えから逃れるため、長期保存のチーズを模索した。そこから、スイスのチーズは長期保存のきくタイプに進化していく。

こうしてスイスで生まれたチーズの銘品のひとつが、「ル・グリュイエール（通称グリュイエール）」チーズだ。「グリュイエール」の存在が文書に記されるのは、1115年のことである。グリュイエール伯爵が領地内の山でつくられているこのチーズに特権を与えたことを、修道分院長に届け出ている。

「グリュイエール」というチーズ名が成立したのは17世紀のことで、現在はグリュイエール村でつくられている。加熱圧搾タイプ（ハードタイプ）であり、外皮はベージュ色をしていて、内側の中身はコクがあり、余韻(よいん)をともなう。

「グリュイエール」は、中世の時代のスイスにとって重要な輸出品になっていた。箱に詰められて陸路をジュネーブまで運ばれたのち、ジュネーブの湖畔で船に載せられ、ジュネーブ湖のフランス側まで運搬される。そして、ローヌ川を通り、地中海方面へも売られていった。

このチーズがいかに名声を博したかは、スイス以外にも「グリュイエール」をつくっている国があることでも明らかだろう。それが、いまのフランス産の「グリュイエール・フランセ」だ。「グリュイエール・フランセ」は、フランス東部のジュラ地方やサヴォワ地方でつくられている。

ひと頃まで、フランスでつくられる「グリュイエール」もスイスの「グリュイエール」も、ともに「グリュイエール」と総称されていた。スイス産でもフランス産でも、「グリュイエール」を名乗ることができたのだ。それほどに、スイスの「グリュイエール」は高名であったわけである。

けれども、2001年に原産地保護のため、スイスとフランスの「グリュイエール」は区別されるようになった。こうして、フランスの「グリュイエール」は、「グリュイエール・フランセ」という名になったのだ。

チーズはスイス人傭兵を支え、スイスの独立にも貢献した

スイスにとってチーズの輸出は、スイスのありようを変えるものであった。スイスは一時、フランク王国に属していたが、フランク王国解体ののちは、諸邦（しょほう）に分かれていた。その後、スイスを支配しようとしたのは、ウィーンのハプスブルク家である。

このとき、スイスが貧しいままだったら、ハプスブルク家の言いなりになっていたかもしれない。けれども、スイスはチーズ交易もあって力をつけてきていた。

さらに、13世紀にゴッタルド（ザンクト・ゴットハルト）峠が通れるようになったことも大きい。これにより、アルプス以北と以南の往来がかつてよりは容易になった。スイスは物流の結節点（けっせつてん）となり、チーズの輸出もしやすくなっていた。

1291年、スイスではウーリ、シュヴィーツ、ウンターヴァルデンの3邦が同盟を結び、ハプスブルク家の支配に抵抗を示した。3邦の農民は、1315年のモルガルテンの戦いでハプスブルク家を打ち破る。中世において、農民兵が貴族の騎兵に勝つことはありえないとされたが、モルガルテンでその「ありえない」が起きたのだ。この勝利により、

３邦は「自由と自治」の立場を確保し、しだいに同盟に加わる諸邦も増えていった。こうしてスイスは、独立に向かうことができた。

　また、独立に向かう過程で、スイスには新たなスターとなるチーズも生まれている。それが、「エメンタール（エメンターラー）」チーズである。

「エメンタール」チーズが生まれたのは、「グリュイエール」チーズの成功への嫉妬と羨望（せんぼう）からでもあろう。

「グリュイエール」の産地の北にあったのは、ベルンである。ベルンは「グリュイエール」の成功を羨（うらや）み、これを真似ようとした。そして、「グリュイエール」の職人を引き抜き、みずからが支配していたエンメ川の谷である「エメンタール」でチーズづくりに励ませた。

　エメンタールでは、もともとチーズがつくられていたようだが、「グリュイエール」の職人たちは、そのチーズのレベルをさらに引き上げた。ここからできあがったのが、「エメンタール」チーズである。

「エメンタール」は、加熱圧搾タイプ（ハードタイプ）の仲間である。「チーズアイ」と呼ばれる大きな丸い穴が特徴であり、アメリカのアニメ『トムとジェリー』に登場するチーズはこの「エメンタール」だ。風味豊かであり、チーズフォンデュのベースにも使われている。

「エメンタール」もまた名声の高いチーズであり、「グリュイエール」同様、スイス以外にフランス産もある。「エメンタール・ド・サヴォワ」「エメンタール・フランセ＝エスト＝サントラル」だ。

こうしてスイスがチーズ国として名を高めていくなか、スイス人傭兵も名をあげる。モルガルテンの戦いで、ハプスブルク家の騎士集団を打ち負かした彼らには注目が集まり、15世紀、フランスによって対ブルゴーニュ公国との戦争に駆り出された。

この戦いで、ブルゴーニュの英傑シャルル「突進公」を戦死させたことで、ますますその武名が高まった。シャルル「突進公」の死を契機に、中世ヨーロッパで一時は有力国にまでなったブルゴーニュ公国の時代が終わる。

スイス傭兵は、ルネサンス期のイタリアにおける戦争でも重宝された。とくにローマ教皇ユリウス2世はスイス傭兵を欲し、スイス傭兵は過酷な戦いでも犠牲を厭わなかった。そのため、ローマ教皇庁はスイス傭兵を評価し、いまもバチカン宮殿の衛兵はスイス人が務めている。

そのスイス傭兵の強さを支えたのが、スイスのチーズである。スイスのチーズは保存がきき、栄養価も高い。スイス傭兵が常に高い戦闘力を発揮できた陰には、チーズがあったのだ。

スイスの名チーズ「グリュイエール」や「エメンタール」に近いチーズに、「コンテ」チーズがある。「コンテ」もまた加熱圧搾タイプ（ハードタイプ）であるが、産地はスイスではなくフランスである。フランスのスイス国境付近からジュラ地方という、スイスとよく似た環境で生まれたチーズだ。

長い冬を耐え忍ぶための保存型チーズという意味で、「グリュイエール」や「エメンタール」に近い。ただ、若いコンテはまだ軟らかく、やさしい風味だ。

厳しい国土環境がオランダを酪農国家へと転身させた

オランダも、ヨーロッパの有力チーズ生産国である。オランダがこの地位にのし上がったのは、中世の終わりの14世紀から15世紀にかけてである。

オランダがチーズ生産国となったのは、置かれた環境と関連する。オランダの国土の多くは、低地である。オランダの英語での呼び名「ネーデルランド」も低い土地を意味するし、フランス語での呼称「ペイ・バ」もまた、低い土地を意味する。

オランダの低地は海抜よりも低いため、しばしば海水が浸入する。そのため、洪水に苦しみ続けた。国防の面でいえば、海水が浸入すればオランダを侵略しにかかる敵も身動きがとれなくなるため役に立ってもいたが、それでも低地環境の改善は急務であった。

そこから始まるのが、干拓事業である。オランダ人たちは低地に溜まっていた水を汲み出すために、風車の動力も使われた。こうしてオランダは干拓を完成させていき、干拓地は小麦農地になるはずであった。

だが、干拓地は小麦の栽培に適さなかった。オランダ人は仕方なく小麦の栽培をあきらめ、ここを家畜の牧場にしようと考えたのである。

これにより、オランダは牧畜国に変わり、チーズやバターを生産するようになった。チーズはオランダの輸出品となり、オランダは海上交易での成功もあって、富を蓄えていった。

16世紀、オランダはスペインのハプスブルク家の支配下にあった。当時、オランダではキリスト教のプロテスタントが増えており、カトリック大国であるスペインの統治を嫌った。地力をつけていたオランダは、スペインからの独立に動き、これが長きにわたる独立戦争となる。

オランダがスペインを駆逐（くちく）したとき、オランダは小国ながら、強国への道を歩み始めていた。オランダのチーズは、やがてその強国時代を支えるものになる。

3章

東方に伝わったチーズは
遊牧民の躍進にも貢献した

なぜ、インドでは熟成チーズが生まれなかったのか？

古代メソポタミアに発したチーズに代表される乳食文化は、西方の地中海、ヨーロッパ方面だけでなく、東方へも伝わった。インドにも早くから乳食文化が伝わっている。

インドに乳食文化をもたらしたのは、アーリア人とされる。アーリア人はもともと中央アジアからイラン高原に居住し、牛を飼う遊牧生活を営んでいた。牛を飼っていたということは、すでに乳食文化を身につけていたということだ。彼らは紀元前2000年頃から南下を始め、インド北部のパンジャーブ地方に住み着いた。

アーリア人はやがて現地民と融合し、農耕民的要素を持つが、彼らの乳食文化はインドに根づいた。アーリア人の神事には、獣だけでなく、乳製品も捧げられた。

アーリア人がインドで成立させた宗教が、バラモン教である。バラモン教の聖典『ヴェーダ』はインド最古の文献でもあるが、そこにはミルクやカード（凝乳（ぎょうにゅう））にかんする記述が散見できる。『ヴェーダ』は、発酵した乳を混ぜることで凝乳をつくる過程の記述もあり、これはチーズづくりそのものだろう。

アーリア人のバラモン教には、権威主義、祭式重視のところがあった。紀元前6～前5世紀、バラモン教のありように疑問を持ったのが、ブッダ（ガウタマ・シッダールタ）であり、彼が開いたのが仏教である。仏教の経典にも、やはりカードがいかに大切かということが記述されている。

ブッダ自身にも、乳食文化の恩恵を受けていた言い伝えがある。苦行で衰弱したブッダが菩提樹の下で体を休めていたとき、スジャーターという娘が白牛の乳を捧げた。ブッダはこの乳を飲み、元気を取り戻したという。

乳食文化の効用については、仏典『涅槃経』にも記述がある。「善男子たとえば牛より乳をいだし、乳より酪をいだし、酪より生酥をいだし、生酥より熟酥をいだし、熟酥より醍醐をいだすがごとし、醍醐最上にして、若し服者あらば、衆病みな除かる」。キリスト教やイスラム教はチーズと密着していたが、仏教もまたチーズ、乳食文化と密接であったのだ。

ただ、インドではカード食が一般化しても、熟成チーズが生まれることはなかった。インドには乳食文化が根づきながら、ヨーロッパのようにチーズを進化させることがなかったのだ。地中海世界やヨーロッパでは熟成チーズを必要とし、好まれてもきたが、インドではフレッシュタイプが主流で、発展の歴史がまったく異なるのだ。

インドで熟成チーズが生まれなかったのは、ひとつには常に牛乳を飲むことができたからだろう。亜熱帯気候のインドでは、牛が泌乳できない期間がほとんどない。多湿な環境でもあるから、草は育ちやすく、牛の餌に困ることもないから、常に牛乳を口にすることができる。そのため、保存のきく熟成チーズを必要としなかったのだ。

ヨーロッパで熟成チーズが生まれたのは、牛や山羊、羊に泌乳できない時期があるからだ。豊穣なインドでは、その必要がまったくなかったわけである。

さらにいえば、インドの高温多湿な環境下では、チーズから水分を抜いて熟成させるのは難しい。常に牛乳を飲める環境にあるなら、わざわざ難しい技術を考える必要もなかったということだろう。

やがてインドでは、仏教に代わってヒンドゥー教が主流となる。ヒンドゥー教はバラモン教と土着の宗教の融合であり、バラモン教や仏教同様、乳食文化を継承し、重視している。ヒンドゥー教はやがて東南アジアにも伝わっているが、東南アジアでも熟成チーズはほとんど見られない。東南アジアはインドと同じく高温多湿の気候であり、熟成チーズには向かなかったといえる。

遊牧民族の進出が、中国に乳食文化をもたらした

　メソポタミアから東方へと伝わったチーズは、中央アジアからモンゴル高原へも伝わっている。中央アジア、モンゴル高原に居住するのは、家畜を飼っている遊牧民族である。当然、彼らには乳食文化があり、チーズもあった。

　ただ、そこから先で「壁」に突き当たる。中国大陸には、チーズ文化、乳食文化が伝わりきらなかったのだ。

　中国大陸でも、たしかに家畜を飼っていたが、それは豚が中心である。家畜の乳を飲んだり、チーズにして食べたりする文化というものはなかったといっていい。

　そんな中国大陸に乳食文化を持ちこんだのは、遊牧民である。古代から中国大陸の漢族の王朝は、モンゴル高原の遊牧民族と抗争をくり広げてきた。漢族の王朝は、1世紀頃までは何とか遊牧民族による中国大陸への進出を退け(しりぞ)てきた。しかし2世紀頃になると、中国大陸の漢族の人口減少にともない、遊牧民族の移住を受け入れていく。

　その後、4世紀になると、漢族の王朝は遊牧民族の勢いを止められなくなってしまう。

華北には遊牧民族の国が次々と生まれたのち、5世紀には遊牧民族の鮮卑（せんぴ）族による北魏（ほくぎ）が華北を統一する。

北魏を打ち立てた鮮卑族は、モンゴル系といわれ、乳食文化を知っていたと思われる。鮮卑族の多くは、仏教を信仰もしている。彼らは中国大陸の漢族の食事に慣れる一方、もともとの食文化も大事にした。つまり茶を飲みながら、羊肉や「酪」なるものを食べていた。酪とは、発酵乳のようなものであろう。

6世紀、北魏では賈思勰（かしきょう）が『斉民要術（せいみんようじゅつ）』という農業技術書を完成させている。同書は日本にも伝わり、日本の農業技術の発展に寄与したが、酪農や乳の加工技術についても記されている。たとえば、以下のとおりだ。

「乳を弱火で煮詰め、張った皮を取ってバターを作り、残りを絹で漉（こ）し、体温よりもやや暖かい温度にして寝かす。すでにある酪を少し混ぜて酵（もと）にすれば、翌朝酪ができる。酵がないときには、酸味になった飯を磨りつぶして入れてもよい」

『斉民要術』のこの記述は、中国大陸に遊牧民族由来の乳食文化が流入してきていること、さらには乳食文化に米文化が結合していることを示している。

こののち6世紀に、隋（ずい）が分裂していた中国大陸を統一。隋滅亡後、7世紀に唐帝国の時代となる。唐帝国の時代までは、中国大陸に乳食文化はあったと思われる。唐の帝室のルーツをたどっていくと、彼らもまた鮮卑系といわれており、乳食文化を持っていたと考えられるからだ。

中国の南北朝から隋、唐帝国の時代、中国大陸では仏教が隆盛した。北朝の北魏の鮮卑族は仏教を崇敬したし、やがて南朝でも仏教は受容される。

唐は、仏教の保護者でもあった。すでに述べたように、仏教は、インドにあって乳食文化と結びついていた。仏教の中国渡来ルートは詳しくはわかっていないが、この地帯には古くからチーズ文化があり、仏教は各地のチーズ文化をともないながら、中国に到達したと思われる。

実際、753年に鑑真が中国大陸から日本に渡ったとき、多くの乳製品を持参してきている。当時の中国大陸の仏教文化にさえ、乳食文化があったと思われるのだ。

ただ、唐の滅亡後、中国では乳食文化が大々的に受容されることはなかった。たしかに13～14世紀、モンゴル帝国が中国大陸を征服・統治していた時代、モンゴル人たちの乳食文化が中国に入ってきたこともあった。けれども、中国に乳食文化が根づきはしなかったのである。

なぜ、チーズ文化は中国大陸に根づかなかったのか？

中国にチーズ文化、乳食文化が根づかなかった理由は、さまざまだろう。ひとつには、中国に乳食文化が入ろうとした時代、中国はすでに食のスタイルを完成させていたからといえる。

もちろん、中国の食のスタイルは、時代によって変遷する。中国で油っこい料理が多くなるのは、北方のモンゴル人や満洲人の征服・統治を受けたからで、もともとの中国料理はさほど油っこくはなかったとされる。唐帝国の時代の料理は、日本の懐石料理に似て、素材のよさを引き出すようなところもあった。そんな中国の食のスタイルは、乳食文化をさほど必要としていなかったのだ。

また、中国の漢族が時代を追うごとに、他国の文化を嫌うようになったことも大きいだろう。中国王朝のなかで、7世紀に成立した唐帝国は国際的な色彩を帯びていた。中国では西方から入ってきた仏教が隆盛し、他にイランにあったゾロアスター教やアラブのイスラム教も流入して、一定の信徒がいた。

唐帝国が異文化受け入れに寛容だったのは、唐の帝室である李氏がもともと北魏と同じく鮮卑族の血をひいていたからでもあるだろう。唐の帝室は中国文化にこだわらず、多彩な文化を受け入れようとしたのだ。

けれども、唐が滅び、宋、明の時代になると、そんな国際色は薄れていく。その理由は、あまりにも異民族の圧迫を受けたためだ。宋は北方のキタイ（契丹）人の遼や、ジュルチン（女真）人の金に押されっぱなしとなったあげく、モンゴル帝国によって滅ぼされている。その反動で、宋以降、中国の漢族には中華至上主義が強まり、異国の文化を蔑み、敵視さえするようになっていった。

そのため、中国では仏教が衰退し、イスラム教が根づくこともなかった。その延長線上で、中国でチーズ文化や乳食文化が歓迎されることもなかったのだ。

もうひとつ理由を挙げるなら、唐帝国以降、中国大陸では米の収穫が大きくなったことがある。中国大陸の江南は、中世まで未開拓の地であった。江南は疫病の多い地帯で、漢族の多くは住みたがらなかった。

ただ、モンゴル高原からの遊牧民族の圧力が強まる4世紀頃から、中国大陸の漢族は遊牧民族による混乱から逃れるため、江南に移住する。彼らにより、江南の開発が進むほどに、米の収穫が大きくなった。

唐、宋の時代は江南開発の盛んな時代であり、米が漢族の胃袋を満たしていった。となると、チーズのような保存食には目がいかなくなっていくのである。

チベット民族躍進の原動力となった「ヤク乳チーズ食」とは

メソポタミア発のチーズ文化は、中国大陸という「壁」には撥ね返されたが、中国大陸周辺はチーズ文化で覆われている。そのひとつが、チベットである。

チベットは現在、中華人民共和国に属し、自治区の扱いになっている。現在、北京の中国政府はチベットを弾圧しているが、それはチベットが中国の漢族とはまったく異なる文化を持っていたからだ。

たしかに現在、チベットは中国に従属させられ、独立を奪われている。けれども、チベットには長く独立国家であり続けてきた歴史がある。それも、歴代中国王朝が脅威に感じるほどの力を持つ独立国家としての時代があった。

チベットは、平均標高4000メートル以上のチベット高原に位置する。ふつうならとても住めそうにないが、そんなチベットに人が住み、独立を保ってきたのは、ヤク乳があったからだ。

ヤク（高山牛）は、標高の高いところでも生息できる。チベット人はヤクを家畜化し、ヤク乳を利用することに活路を見いだしたのだ。チベット人は、ヤク乳からバターやチーズをつくっていった。とくにバターからつくられる「バター茶」は、チベット人にはなくてはならない食べ物だ。

チベットのヤク乳チーズには、「チュルピー」「チュゴー」などがある。これらは超硬質チーズとして知られる。まともに噛むと歯が折れそうなほどに硬いため、チベットではお茶に入れて摂取している。あるいは、小さな塊（かたまり）を口のなかに入れて、長時間かけてなめている。

チベットにチーズ文化が入ってきたのは、おそらくはインドを通じてであろう。チベット人が信仰しているチベット仏教（ラマ教）も、インドに由来する。チベットはインド文化圏の亜種として発展し、チーズ文化も独自に育てたのだ。

ヤク乳によるバターやチーズは、チベット人に栄養を与え、活力を刺激した。それは、そのままチベットの建国にもつながっている。

チベットでは、7世紀にソンツェン・ガンポが中国名でいう「吐蕃（とばん）」を建国している。吐蕃は強盛を誇り、たびたび唐帝国に侵攻した。中国大陸が8世紀に安史（あんし）の乱で混乱したとき、吐蕃は、一時は長安を占拠までしている。

チベットでは、インド系の文字をもとに独自のチベット文字も持つに至っている。チベット文字は、モンゴル文字の成立にも大きな影響を与えている。

こうしてチベットがひとつの独立国となり、独自の文字を持つまでになったのも、チベット人が過酷な環境にも負けない体力と知力を持つようになっていたからだ。それは、ヤク乳の賜物（たまもの）ともいえるのだ。

トルコ人たちは、「チーズの来た道」をたどってアナトリアへ

ユーラシア大陸では、9世紀から15世紀にかけてトルコ（テュルク）人の時代を迎える。トルコ人たちが西へと移動し、ユーラシア各地に帝国、王朝を築いていく時代である。

もともとトルコ人は、現在のトルコにいたわけではない。トルコ系は古代にはバイカル湖からカスピ海あたりに分布し、6世紀にはアルタイ山脈の西南にあったトルコ人たちが

勢いづく。

彼らが建国したのが、中国名でいう「突厥（とっけつ）」だ。突厥はモンゴル高原を支配し、中国王朝を圧迫したが、8世紀に同じトルコ系の「ウイグル」に滅ぼされる。そのウイグルも9世紀になると、天災に遭って困窮化したうえに、キルギス人との戦いに敗れる。

このウイグル消滅を機会に、モンゴル高原にあったトルコ人たちは西へと移住を始める。最初は中央アジアのオアシス地帯に移動し、カラ・ハン朝を建国したのち、さらに西へと向かう。ある一派はイスラムのアッバース朝の都であったバグダッドに入城し、セルジューク朝を建国した。またある一派は、中央アジアからイランにかけてホラズム朝を建国している。

そのトルコ人たちの移動は、さながら「チーズの来た道」に沿っての移動であった。もともとチーズは古代メソポタミアに由来し、世界に広がったとされる。メソポタミアから西方へはイラン、中央アジアを経てモンゴル高原にまで達している。トルコ人たちは「チーズの来た道」をたどって中央アジアに王朝を建て、メソポタミアからさらに東にも王国を樹立していったのだ。

それは、トルコ人たちが家畜とともに過ごす遊牧民族だったからだろう。トルコ人の「突に土着化しようとは思わなかった。中国大陸は、チーズ文化も乳食文化もない地だったからだ。

トルコ人は遊牧民族である限り、家畜を養える地を求めた。それはチーズやバター、ヨーグルトを確保するためであり、トルコ人たちはチーズのできる土地をつたって移動していたといえる。

その後も、トルコ人たちは「チーズの道」をつたって移動を続けた。ある一派はインドに侵攻し、ガズナ朝やゴール朝を打ち立てている。インドもまた、チーズ国であったからだ。さらには、ある一派はアナトリアにまでたどり着き、14世紀にオスマン帝国を建国している。オスマン帝国は、全盛時の16世紀に中東、バルカン半島、エジプトを支配する大帝国となる。

オスマン帝国は19世紀に衰退を止められなくなり、20世紀初頭には、多くの領土を失う。残るはアナトリア周辺のみとなり、第1次世界大戦ののち、オスマン帝国は消滅する。代わりに現在の「トルコ」が生まれたが、この地にあるトルコ系のルーツをたどるなら、モンゴル高原となる。「チーズの道」が、トルコ系をアナトリアまで移動させ、トルコという国を生んだのである。

チーズは、モンゴル帝国の強さの根源でもあった

中世のユーラシア大陸で、トルコ系とともに大移動し、大帝国を樹立したのがモンゴル人である。13世紀初頭、チンギス・ハンはモンゴル高原の諸部族を統一したのち、空前の大征服戦争を始める。

モンゴル帝国は中央アジアから南ロシアを進撃してキーウ公国を滅ぼし、ワールシュタットの戦いではドイツ・ポーランドの諸侯連合軍を打ち破っている。一方では西アジアに遠征、アッバース朝を滅ぼし、中東まで支配している。東方では華北の金、江南の南宋を滅ぼし、中国大陸も手に入れている。

そのモンゴル帝国の強さの根源にあったのは、もちろんすぐれた騎馬戦術なのだが、チーズをはじめとする乳食文化もあった。モンゴル人は、「ホロート」と呼ばれるチーズを口にしていた。「ホロート」は硬質のチーズであり、遠征、戦闘に便利な保存食であった。

また、モンゴル人たちは馬の血も利用していた。急ぎの行軍の場合、馬の血管を切り、

馬の血を飲む。血止めをしたら、また馬は動き出すので、ほとんど休むことなく行軍できたのだ。

モンゴル帝国もトルコ人と同じく、「チーズの道」を通って西方の征服を続けていた。だから、モンゴル帝国の解体後も、モンゴル人の少なからずは現地にとどまり、同化の道をたどり、モンゴル高原に帰ることはなかった。

例外は、中国大陸を制覇したモンゴル人である。彼らは、明の洪武帝(こうぶてい)の前に劣勢になると、さっさとモンゴル高原にまで帰っていった。乳食文化に乏(とぼ)しい中国大陸にはさほど未練がなかったのか、故郷に戻っていったのだ。

4章

ヨーロッパが世界進出するなか、チーズの多様化が進む

ローマ教皇の「外交道具」となったチーズとは

16世紀、ヨーロッパの政治家や富豪にとって、自国でつくられているチーズはお国自慢の種でもあったと思われる。その延長線上で、チーズは外交にも使われている。

たとえば、ローマ教皇ユリウス2世は、イングランド国王ヘンリ8世に「パルミジャーノ・レッジャーノ」を100個も贈っている。「パルミジャーノ・レッジャーノ」の重さは1個15〜20キログラム以上だから、約2トンものチーズをプレゼントした計算になる。

それは、偉大な芸術家ミケランジェロの大パトロンとして知られるローマ教皇ユリウス2世が、イングランド国王を味方につけたいがための贈り物であった。ユリウス2世は、イタリアにおけるローマ教皇庁の勢力拡大を狙い続けてきた教皇だ。

ただ、彼の時代、フランスがイタリア半島に浸透し始めており、ユリウス2世はフランスをイタリアから追い出したかった。そのため、イングランドを味方につけようとし、チーズを外交道具に使ったのである。

当時、すでに「パルミジャーノ・レッジャーノ」は、ヨーロッパ内で高級チーズとして知られていた。「パルミジャーノ・レッジャーノ」のようなスタイルのチーズは、アルプスの北では珍しくもあったから、国王の気を引くことができると考えたのだ。

実際、「パルミジャーノ・レッジャーノ」に釣られたこともあって、イングランド王ヘンリ8世は、一時的にはユリウス2世の味方ともなっている。

ヘンリ8世の離婚問題が招いたイングランドのチーズ危機

イングランドは農地に恵まれた、有力なチーズ生産国のひとつだが、16世紀に「チーズ危機」を経験する。修道院が、国家によって没収されてしまったのだ。すでに述べたように、イングランドにあってもチーズづくりの中心には修道院があった。その修道院が解体されてしまっては、イングランドでのチーズづくりは揺らぐ。

事の始まりは、イングランド国王ヘンリ8世の離婚問題である。ヘンリ8世は有名な女王エリザベス1世の父親だが、何度も結婚しては離婚した人物だ。その最初の結婚相手は、スペイン王家の娘キャサリンである。彼女とのあいだにはメアリ（のちのメアリ1世）が生まれるが、ヘンリ8世はキャサリンの侍女アン・ブーリンと恋仲になる。アン・ブーリンが妊娠したとき、ヘンリ8世はキャサリンとの離婚を決意する。

しかし当時は、ローマ教会の承認がなければ、離婚はできなかった。そして、このときのローマ教皇クレメンス7世は、ヘンリ8世とキャサリン妃の離婚を認めなかった。じつのところ、それはクレメンス7世の意向というより、スペイン国王にして神聖ローマ皇帝であるカール5世の怒りをクレメンス7世が恐れてのことであったと思われる。

カール5世は当時、ヨーロッパ最強の皇帝であり、クレメンス7世をたびたび震え上がらせてきた。さらにキャサリン妃は、カール5世の叔母にあたる。クレメンス7世は忖度（そんたく）するよりなかったのだ。

これに対し、ヘンリ8世は離婚のために強行突破に踏み切る。1534年、イングランドでは国王至上法が発布された。これにより、イングランドはローマ教皇庁と断絶し、独自にイングランド国教会を設立する。国教会の首長にはヘンリ8世が就いた。

ヘンリ8世は、もはやローマ教皇庁の意向を聞かずともよくなったから、離婚も自由である。彼はキャサリンと離婚し、アン・ブーリンと結婚する。ふたりのあいだに生まれたのが、のちのエリザベス1世である。

このヘンリ8世によるイングランド国教会設立は、イングランド内の修道院の解体、その所領の没収をともなった。ヘンリ8世は修道院の財産と広大な土地を手に入れ、あるいはこれらを売ることで、王権の強化を図ったのだ。

イングランドでの修道院の解体、土地の没収は、そのままイングランドのチーズづくりの危機ともなった。最大規模のチーズの作り手が、消えてしまったのだ。ただ、現実には修道院が消えても、イングランドでのチーズづくりは続いた。すでにイングランドの修道院で働いていたチーズ職人たちは、技術を有していたからだ。

新たな仕事場もあった。当時、イングランドでは「ヨーマン」といわれる自作農民が台頭していた。彼らは、ある程度の規模の農場を持ち、家畜を飼っていたから、チーズ職人を必要としたのだ。

このように、イングランドでのチーズ危機は、チーズ生産の主体を変えただけにとどまっていたのだ。

ロンドンの宮廷を魅了した「チェダー」チーズ

17世紀、イングランドは興隆期を迎えつつあった。15世紀後半に始まったヨーロッパの海洋進出にあっては、スペイン、ポルトガルにずっと後（おく）れをとっていたが、イングランドもまた海洋進出に乗り出そうとしていた。

国内では「ジェントルマン」といわれる支配階層だけでなく、豊かな農民や商工業者が台頭していた。さらに１６０３年、エリザベス１世の死去により王家の血が途絶えたイングランドでは、スコットランドのスチュアート王家からジェームズ１世を迎え、スコットランドとの合邦への土台ができていた。つまり、日本でいう「イギリス」という国が誕生しようとしていた。

たしかに、17世紀のイングランドは「ピューリタン（清教徒）革命」という内戦を経験し、さらには「名誉革命」を経ねばならなかった。それは国内に混乱をもたらしたものの、イングランドに議会政治を根づかせるものであった。

そんなイングランドに、スター的な存在となるチーズが生まれる。それが、「チェダー」チーズと「チェシャー」チーズである。「チェダー」も「チェシャー」も、ともに土地の名であり、イングランドでも土地の名を冠するチーズが人気を博し始めたのだ。

「チェダー」チーズは、非加熱圧搾（あっさく）タイプ（セミハードタイプ）の仲間であり、原料は牛乳だ。マイルドで口に溶けやすく、いまも人気が高い。四角く切ったカード（凝乳（ぎょうにゅう））を積み重ねたのちに引っくり返す「チェダリング」という独自の技法でも知られる。

「チェダー」チーズにかんしては、18世紀に『ロビンソン・クルーソー』の著者であるダニエル・デフォーが「イングランド最高のチーズ」と絶賛している。

17世紀に「チェダー」チーズに魅了されていたのは、スチュアート朝のチャールズ1世の宮廷である。チャールズ1世はのちに議会と対立したあげく、議会軍と戦う内戦に敗れ、処刑されている。これがピューリタン革命なのだが、ともあれチャールズ1世はイングランドの新しい風味を味わっていたのである。

「チェダー」チーズは、もともとはイングランド南西部のチェダーの地でつくられていたが、現在は世界各地でつくられている。工業生産もされており、17世紀の「チェダー」チーズとはまったく異なる「チェダー」チーズも存在している。

「チェシャー」チーズは、ハードタイプのチーズであり、牛乳を原料とする。チェシャーはイングランドの北西部に位置し、「チェシャー」チーズはロンドンには船便で送られていた。ロンドンに増えつつあった富裕層は「チェシャー」チーズの到着を大歓迎していた。

ただ、現在のイギリスで「チェダー」「チェシャー」に、昔日（せきじつ）の栄光はない。後述するように第2次世界大戦下、イギリス政府の食糧統制の犠牲になってしまったからだ。

海洋帝国オランダの世界進出を支えた革新的チーズとは

17世紀は、オランダの時代といわれる。この時代、オランダとイングランドはスペインとポルトガルの後を追って、世界進出に乗り出す。アジアにもオランダ船、イングランド船は進出していったが、先に成功を得たのはオランダであった。

オランダは香料交易の中心地であるインドネシアを押さえ、鎖国に動いた日本との交易も続けた。南アフリカにも拠点を持ち、オランダの通商網はさながらオランダ海洋帝国のようでもあった。

そんなオランダの世界進出を支えたひとつが、チーズである。すでに述べたように、オランダは干拓地を牧畜地とし、チーズの生産力を上げ、14世紀~15世紀頃にはチーズ輸出の有力国にもなっていた。そのオランダの新たなチーズが、「エダム」と「ゴーダ」である。オランダ語では、「イーダム」「ハゥダ」となる。

「エダム」も「ゴーダ」も牛乳でつくった非加熱圧搾タイプ（セミハードタイプ）だ。ともに長期の保存がきくため、オランダの海洋進出の食糧のひとつとなっていたと推察できる。

「エダム」チーズの「エダム」は、オランダの地名である。アムステルダムから北に約20キロメートル離れたエダムは、交易の中心地のひとつとして栄え、チーズ市もあった。ドイツのラインラントの商人たちにとっては、「エダム」はオランダのよいチーズの総称のようなものだった。

そのエダム地方から、セミハードタイプの「エダム」チーズが生まれる。「エダム」チーズの特徴は、球形という形にある。これは、木製の球形の型を使ってカードを圧搾していったためだ。そして、その球形の圧搾が「エダム」チーズの保存性を高めることとなった。

それまで、カードを圧搾するときは、円柱状の型に入れて押しこんでいた。この圧搾で生まれたチーズには、どうしても角が生まれてしまう。この角が輸送中や取り扱い中に何かにぶつかって破損したとき、その破損部分から品質が劣化してしまうことがあった。

けれども、「エダム」チーズのように球形に圧搾・加工するなら、角はない。角がないから破損しにくく、そのため「エダム」チーズは保存性の高いチーズとなったのだ。しかも球形ゆえに、取り扱いもしやすかった。

球形の「エダム」チーズは1・5~2キログラムで、熟成前と熟成後では、味わいが変わるのも特徴だ。熟成前の若い頃はソフトな味わいだが、熟成が進むと硬さが増し、刺激的な風味にもなる。

「ゴーダ」チーズもまた、地名に由来する。ロッテルダム近郊の街ゴーダも交易の中心のひとつであり、やはりチーズ市もあった。

この地で生まれた「ゴーダ」チーズは、じつは中世の頃から存在していたようだ。それが時代を経るにつれ、オランダのチーズの代表のようになっていった。とくにオランダが海洋覇権を握った17世紀、「ゴーダ」はよく売れ、市場を広げた。現在、「ゴーダ」はオランダのチーズの半分以上の生産量を占めるほどになっている。

「ゴーダ」チーズも保存性が高く、熟成によって味わいが変わってくる。正式なサイズは、直径35センチメートル、高さ11センチの円柱型であり、重さはおよそ12キロにもなる。「ゴーダ」の美味しさの秘密は、もともとチーズ専用の牛乳でつくっていたところにあるとされる。

オランダは「ゴーダ」と「エダム」によってチーズ大国となり、さらには海洋の覇者ともなるが、オランダの独立戦争を支えたのもチーズだろう。

16世紀、プロテスタントの多いオランダはスペインのハプスブルク家に支配されていた。

カトリックを強制するスペインに対してオランダ人が独立戦争を戦ったとき、市民兵はチーズづくりに用いる木桶(きおけ)を頭にかぶって、スペイン兵と戦ったといわれる。

市民兵には、鉄製の兜(かぶと)まで準備できない。そこでせめてもの守りとして木桶をかぶったのだ。チーズづくりはそれほどにオランダ人の身近にあったわけである。

「ゴーダ」と「エダム」が世界各地に独自に存在するようになると、オランダの「ゴーダ」「エダム」を保護する必要も出てくる。そこから、一定の条件を満たしたオランダのそれらは、「ゴーダ・ホラント」「エダム・ホラント」の名で呼ばれる。

ルイ14世による対オランダ戦争が「ミモレット」チーズを誕生させた

フランスの「ミモレット」チーズは、日本ではある一定の世代以上の人には、わりと知られたチーズである。食べたことはなくても、「ああ、あのときの小泉首相のチーズね」と納得する。

2005年、当時の首相だった小泉純一郎は、持論の郵政民営化を実現すべく、衆議院の解散に打って出ようとした。これに対して前首相の森喜朗(よしろう)が、解散を思いとどまるよう説得するために首相官邸を訪れた。その席で、小泉が森をもてなすために出したのがビールとチーズであった。会談後、記者の前で森は「干からびたチーズと缶ビールしか出なかった」と苦々(にがにが)しい表情で語った。

この「干からびたチーズ」こそ、フランス産の「ミモレット」チーズであった。小泉のもてなしは森に伝わらなかったようだが、この一件が報道されるや、日本では「ミモレット」の売り切れ店が続出したのである。

「ミモレット」は、非加熱圧搾タイプ（セミハードタイプ）の一種であり、牛乳を原料としている。たしかに外皮にはポツポツと穴が開いていて、「干からびた」ようにも見える。内部は、からすみのような風味もあり、やさしい味わいとなっている。熟成を経るほどにナッツの風味も出てくる。

フランスで「ミモレット」が生まれたのは、17世紀後半のことである。「太陽王」といわれたフランス国王ルイ14世は野心家であり、フランドルやオランダへの侵略に熱心であった。そのひとつが、1672年から1678年のオランダ侵略戦争となる。これに合わせて、重商主義を唱えるフランスの財務長官コルベールはオランダ経済締めつけのために、オランダ産チーズの輸入を禁じてしまった。

結局のところ、ルイ14世の野望は挫折させられるが、オランダチーズの輸入禁止に困ったのが、北フランスの住人たちであった。彼らは、オランダから輸入した「エダム」チーズを常食としていたからだ。

これを見たコルベールは、「エダム」に代わるセミハードタイプを北フランスの農民につくらせた。こうしてできたチーズが「ミモレット」であり、17世紀当時は「ブール・ド・リール」と呼ばれた。これは、「リールのボール（球）」という意味だ。

このように、「ミモレット」はオランダの「エダム」の亜種ともいえるが、いまではフランスチーズのよく知られた逸品だ。

富裕な者の美食追求とともにチーズの二極分化が進む

チーズという食物は、時代によって受け入れられ方が変わってくる。古代ギリシアでは当初、戦士たちの栄養食であった。古代ローマ時代になって、チーズは市民の食事になり、中世ヨーロッパでは農民に欠かせないタンパク源にもなっていた。

こうしてチーズがひととおり普及していくと、近世以降、チーズには新たなる受け入れ方が始まる。権力者や富裕者が美味なるチーズを求め、愛でるようになっていったのだ。いわば、チーズが美食の一部と化したのである。はるか昔よりそうした傾向はあったが、それがいっそう顕著になってきたのだ。

それは、チーズの二極分化でもあった。近世になってもチーズは都市労働者、農民たちには欠かせない食べ物であった。都市労働者や農民は味云々を問わず、安いチーズを食べていた。一方、王や貴族、富裕者たちは高い代金を払ってでも、美味なるチーズにありつこうとしていたのだ。

ヨーロッパの近世は、富裕な市民たちが新しい味を覚え、美味を求め始めた時代でもある。ヨーロッパ諸国の世界進出によって、世界から新たなる味覚がヨーロッパにまで輸入されるようになっていたからだ。砂糖、コーヒー、チョコレート、紅茶などがそうだった。

ロンドンに最初のコーヒーハウスができたのは、1652年のことだ。以後、コーヒーはロンドンで一大旋風を巻き起こしていく。カカオに砂糖を加えたチョコレートも、17世紀後半、ヨーロッパで人気となっていた。ヨーロッパの市民は新たなる味に衝撃を受け、求め始めた。

そうした時代、王や貴族、大商人らはさらなる美食を求め、その美食の一部にチーズが

ヨーロッパのナチュラルチーズMAP

出典:一般社団法人 日本乳業協会ウェブサイト

あった。彼らにとってチーズはうっとりするほど美味なものでなければならず、高級チーズは市井(しせい)の者たちが毎日食べるチーズとはかけ離れたものになっていったのだ。

もうひとつ、近世ヨーロッパが美味なるチーズの飽くなき追求に向かったのは、フランスワインの変革、品質向上があったからだろう。

17世紀、フランスのシャンパーニュ地方でシャンパンが誕生し、ボルドー地方では重厚なボルドーワインが登場する。17世紀にこれらのワインが登場する一方、フランス宮廷を魅了し続けていたのはブルゴーニュのワインであった。フランス国王ルイ14世は、ブルゴーニュのすぐれた赤ワインばかりを飲んでいた。

こうしてヨーロッパの王や貴族、大商人がワインの味を追求し始めていったとき、チーズとのマリアージュのよさを知るようになる。王や貴族はよいワインを愉しむためにも、よいチーズを欲するようになっていたのだ。

18世紀のイタリアの文人カサノヴァは、こんな記述を残している。

「ロックフォールを食べ、シャンベルタンを飲めば、消えかけた愛はふたたび燃え立ち、芽生えたばかりの恋はたちまち成就する」

シャンベルタンはブルゴーニュの銘酒であり、カサノヴァは「ロックフォール」チーズとの相性のよさを讃えているのだ。

17世紀、ヨーロッパでは味の多様化が、かなりの勢いで進行していたといっていい。富裕な者ほど、美味なるものを追い求めていた。そんな時代に、チーズの受容も変化を遂げていたのだ。

なぜ、「ブリ」チーズはフランスを代表するチーズになった？

18世紀、フランスはヨーロッパ大陸一の国力を誇り、フランスの都パリはヨーロッパ大陸随一の都市になっていた。かつてルネサンス期にヨーロッパの憧れだったイタリアの諸都市に往年の力はなく、16世紀にブルボン朝が始動してのち、フランスは力をつけ、パリは華やかな都となっていた。

この当時、フランスを代表するチーズといえば、「ブリ」チーズだったと思われる。この頃、フランス各地にはすでに「ブリ」チーズに負けないくらいの美味なチーズが存在していた。けれども、フランスのチーズといえば「ブリ」チーズというイメージがあったのだ。「ブリ」チーズの美味しさが、豊かなフランスを象徴さえもしていた。

なぜ、「ブリ」チーズがフランスを代表していたかというと、その産地が都のパリに近かったからだ。18世紀は、まだ鉄道のない時代である。船便でもない限り、チーズの長距離輸送は難しく、パリの住人はパリ周辺のチーズを食べるしかなかった。パリの住人がふつうに口にできるチーズのなかで、もっとも美味しいチーズが「ブリ」チーズであり、パリを訪れる者も「ブリ」チーズに感銘を受けていたのである。

「ブリ」チーズは、パリの東部にあたるブリー地方生まれのチーズである。その歴史は古く、じつは２０００年前ぐらいから存在していたともいわれる。「ブリ・チーズ」のなかで最古のものは、「ブリ・ド・ムラン」とされている。

「ブリ」チーズは、中世の終わり頃にはすでに高い評判を得ていたという。14世紀、フランスの国王たちは、晩餐会で「ブリ」チーズを出して自慢もしていたらしい。パリを訪れる異国の客も「ブリ」チーズの美味を認めていた。イタリアやイングランドの書物にも「ブリ」は自国最高のチーズに匹敵する、と称賛する記述がある。

「ブリ」チーズには、フランス最高の君主ともいわれるアンリ4世（ブルボン朝初代君主）のナラティヴ（物語）がある。アンリ4世の妃は、マルグリッド・ヴァロワ。映画化もされたアレクサンドル・デュマの小説『王妃マルゴ』の主人公となった女性だが、アンリ4世にはほかに愛人もいた。

アンリ4世が王妃と夕食を共にしようかというときだ。アンリ4世は内心、食事を放ってでも愛人のところへ向かいたかったが、夕食のテーブルに供されていたのは、「ブリ」チーズであった。「ブリ」チーズに目のないアンリ4世は、つい王妃とゆっくり夕食をとってしまったという。以来、王妃はアンリ4世の胃袋をつかむため、美味なる「ブリ」チーズ選びに長けるようになった――。「ブリ」チーズと愛人のどちらをとるかのたとえ話であり、よくできた「ブリ」チーズは、男に愛人よりも優先させるのだ。

「ブリ」チーズは、牛乳を原料とする、白カビタイプの仲間である。白カビの衣をまとい、中身は軟らかく、おだやかな風味がある。

フランス革命の絶望のなか、ルイ16世の運命を決めたチーズとは

フランスを代表するチーズである「ブリ」チーズのなかでも、最高峰といわれるのは、「ブリ・ド・モー」である。「ブリ・ド・モー」は、パリ郊外の東部にあるモー村産であるところからそう呼ばれるようになった。「チーズの王」とも「チーズでできたお菓子」とも称賛され、おだやかで上品な味わいは、多くの者を魅了してきた。

「ブリ・ド・モー」に魅せられたひとりが、フランス国王ルイ16世である。ご存じのように、ルイ16世は1789年に始まるフランス革命のエスカレーションのなか、ギロチン台で処刑された王だが、革命が起きるまで、そんな未来を予測もできない。

ルイ16世はまろやかな「ブリ・ド・モー」なしにはいられなくなり、毎日、欲するほどであった。そのため、産地のモー村からは毎週「ブリ・ド・モー」を運ぶ馬車が彼の居城であるヴェルサイユ宮殿に向かったという。

ルイ16世がいかに「ブリ・ド・モー」なしで生きられなかったかは、「ヴァレンヌ逃走事件」が物語っている。「ヴァレンヌ逃走事件」とは、ルイ16世とマリー・アントワネット夫妻のパリ脱出事件である。

フランス革命が過激化の様相を呈し始める1791年、ルイ16世夫妻は「革命がこれ以上過激化するなら、自分たちにも危害が加えられない保証はどこにもない」という不安に駆られる。革命派によって外出もままならない状態に陥ったルイ16世一家は、王妃マリー・アントワネットの母国であるオーストリアへと亡命を図った。それは、ルイ16世がフランスの「国父」であることを放棄したも同然の行為でもあった。

ルイ16世は、ウィーンへと逃走する道すがら「ブリ・ド・モー」を食べたがった。そのため馬車を止めてしまい、赤ワインを飲みながら、「ブリ・ド・モー」を堪能していた。その頃、ルイ16世のパリ脱出行はすでに知られるところとなっていて、革命政府は阻止に動いていたにもかかわらず、である。

こうしてルイ16世一行の移動は、当初の計画よりはるかに遅れてしまった。そのため途中で待ち合わせていた護衛とも合流できず、ルイ16世一行は、オーストリアとの国境付近のヴァレンヌで発見され、拘束されてしまった。

「ブリ・ド・モー」欲しさにルイ16世が馬車を止めなければ、あるいは逃走は成功したかもしれない。それほどに、「ブリ・ド・モー」に取りつかれていたのだ。ルイ16世は、拘束された後も「ブリ・ド・モー」を所望したという。

「ヴァレンヌ逃走事件」は、ルイ16世のフランスにおける信望を失墜させた。ルイ16世を擁護する勢力は減り、1793年、処刑の憂き目に遭っている。ルイ16世にとって、「ブリ・ド・モー」は人生を狂わせるチーズだったのかもしれない。

ナポレオンと「カマンベール」チーズをめぐる伝説とは

「ブリ」チーズと並んで、フランスを代表するチーズといえば、「カマンベール」チーズだ。それどころか、「カマンベール」チーズは、世界でもっともよく知られたチーズにもなっている。「チーズ」といえば、すぐに「カマンベール」を連想する人もいるほどだ。

「カマンベール」チーズは、白カビタイプの仲間であり、牛乳を原料としている。豊かな香りとむっちりとした食感で人を魅了してきた。後述するように、もとはフランスのノルマンディー産なのだが、現在は世界の至るところでつくられている。

「カマンベール」チーズには、じつに伝説が多い。そのナラティヴ（物語）には真実もあれば、後世の創作もあり、ある意味でややこしいチーズでもある。

「カマンベール」チーズをめぐる伝説には、フランス皇帝ナポレオン（1世）が絡んでもいる。ナポレオンは、ご存じのようにフランス革命以来のフランスの大混乱を終息させ、皇帝に上りつめ、一大帝国を打ち立てた人物だ。そのナポレオンと「カマンベール」チーズをめぐる伝説は、以下のようなものである。

「カマンベール」チーズは、１７９１年頃にマリー・アレルという女性によって発明されたといわれる。一方、それ以前に「カマンベール」チーズは存在していたという記録もあり、こちらのほうが真相に近いかもしれない。

マリー・アレルは、ノルマンディー地方のカマンベールの隣村に住んでいた女性である。彼女が「カマンベール」を発明できたのは、ブリー地方からやって来た司祭に「ブリ」チーズの製法を教わったからだ。これが事実だとするなら、「カマンベール」チーズは、「ブリ」チーズを土台にしてつくられたチーズであるといえる。牛の放牧がしやすく、大量のよい牛乳を得られたところにも、「カマンベール」の成功の秘密があるのだろう。

こうしてマリー・アレルが新たなチーズを発明した頃、ナポレオンがノルマンディーを訪れた。そしてチーズを食し、その美味に感嘆する。ナポレオンは発明者であるマリーにキスをし、この美味なるチーズを「カマンベール」と名づけたという。皇帝に上りつめるナポレオンが愛したチーズということで、「カマンベール」の名声は高まったという。

ただし、この話には大きな矛盾がある。そもそも1791年の時点で、ナポレオンは皇帝でも何でもない、コルシカ島生まれの無名軍人にすぎない。「カマンベール」の美味を仮に知ったとしても、命名するほどの権威も人気もない。

このように、ナポレオンとマリー・アレルの伝説は、現在では後世の創作といわれる。本当に「カマンベール」を有名にしたのは、後述するように、ナポレオンの甥（おい）である皇帝ナポレオン3世だったとされる。

同じ「ナポレオン」でもナポレオン3世はナポレオン1世と違い、フランスではいまなお評判の悪い皇帝である。そこから、ナポレオン1世が「カマンベール」チーズを有名にしたという伝説が生まれていったのではないだろうか。

「カマンベール」チーズ草創の物語には、後世の創作や誤解も多く、判然としないところがある。いずれにせよ、19世紀、ナポレオンが没落してのち、「カマンベール」の名声は高まっていった。

美食家でなかったナポレオンは、本当にチーズを好んでいた？

ナポレオンとチーズをめぐる伝説のなかで、もっともよく知られているのが、ジョセフィーヌ妃の絡む物語だ。この話にも細部にはいくつかのパターンがある。

ナポレオンが戦陣でまどろんでいたときだ。そこに従卒(じゅうそつ)が、ナポレオンのためにチーズを持ってきた。それは「カマンベール」チーズだったといわれるが、それはともかく、うたた寝していたナポレオンはチーズの匂いを嗅(か)いでしまった。そして思わず、「今夜はダメだ。ジョセフィーヌ」と漏(も)らしてしまったという。

あるいは、従卒はうたた寝しているナポレオンを心地よく起こすため、チーズを持ってきたともいう。ナポレオンの鼻先にチーズを持っていけば、チーズ好きのナポレオンはすぐに起きるだろうと思ってのことだ。そこから先は、やはり「今夜はダメだ。ジョセフィーヌ」である。

チーズの匂いが女性器の匂いを連想させるところから生まれた伝説なのだろうが、この話がどこまで真実なのかはまったく判然としない。

そもそも、ナポレオンがチーズを好んでいたかどうかが、わかっていない。もちろん、チーズは栄養食だから、単なる栄養補給として食べていたことは想像できる。しかも、コルシカ時代のナポレオンはそう豊かではなかったから、なおさらだ。ただ、これまでの王や貴族のように、惑溺（わくでき）するほどチーズを好んでいたかどうかは見当がつかない。

ナポレオンはその晩年になって、ゆっくり食事をとることを覚えたが、それまで連戦連勝の時代はそそくさと食事を済ませていた。無敵だった時代は美食に興味はなかったし、味音痴だったともいわれる。女性に対してもせっかちなだけで、戦争以外に愉しみがなかったといっていい。

ナポレオンの逸話として、シャンベルタンのワインを好んだ話もあるが、これも怪しい。ナポレオンは、下戸だったからだ。

同じことは、チーズにもいえないだろうか。たしかにナポレオンはチーズを食べていたが、それは栄養をとるためであり、愛していたかどうかは疑わしいのだ。

「ブリ・ド・モー」がナポレオン戦争後のフランスを救っていた

フランス国王ルイ16世を惑溺させた白カビタイプ「ブリ・ド・モー」は、その後、世界の主役になり、フランスを救いもしている。

それは、1814年から1815年にかけて開かれたウィーン会議でのことだ。ウィーン会議では、ナポレオン戦争後のヨーロッパをどう再構築するかが議論された。

すでにナポレオンは、ロシア遠征に失敗。ライプチヒの戦いでは諸国連合に敗れ、皇帝を退位している。ウィーン会議の始まった頃は、地中海のエルバ島に流されていた。

ウィーン会議を主導したのは、オーストリアの宰相（さいしょう）メッテルニヒである。主な出席者はロシア皇帝アレクサンドル1世、イギリスのカースルレー、プロイセンのフリードリヒ・ヴィルヘルム3世らである。

フランスはというと敗戦国であり、やり手の外交家タレイランがオブザーバーとして出席を許されていたが、発言権はなかった。会議の成りゆきしだいでは、フランスが責められ、領土を割譲させられてもおかしくなかった。

けれども、会議はなかなか進捗せず、話はまとまらなかった。ひとつにはそれぞれの国が権利を主張するばかりで、妥協というものがなかったからだ。ウィーン会議は、「会議は踊る、されど進まず」とも揶揄されていた。

そんななか、出席者たちのフランス敵視は揺らいでいく。そこには、タレイランの美食外交があった。タレイランは、凄腕の料理人カレームをパリから招き寄せ、シャンパンを大量に持ちこんでいた。

タレイランが暮らすカウニッツ宮殿では、ウィーン会議の出席者たちが招かれ、美食とシャンパンに酔いしれていた。そのため、ウィーン会議の出席者たちは、フランスには甘くなった。

タレイランの美食外交には、「ブリ・ド・モー」も登場していた。饗宴の場でタレイランは、フランスのチーズこそが世界一であり、「ブリ・ド・モー」は最高だと自慢した。

この発言は、各国の外交官の癇にさわるものだった。それぞれの国には独自のチーズがあり、外交官たちはみな、自国のチーズこそが最高だと思っている。外交官たちは、「ブリ・ド・モー」に対抗するために、自国の最高のチーズをウィーンに取り寄せた。そして、ついにはウィーン会議の参加国のチーズのなかで、どれが一番美味なのか、食べ比べコンテストが行なわれた。

結果、1位となったのは、「ブリ・ド・モー」であった。「ブリ・ド・モー」は、各国の外交官を魅了し、彼らはフランスの美食文化に唸(うな)った。

このウィーン会議のさなか、ナポレオンはエルバ島を脱出し再起を試みるが、ワーテルローの戦いに敗れ、すべてを失う。

一方、会議ではナポレオンの復活を恐れた各国が妥協し合い、フランスの領土は保全された。この結果にひと役買っていたのが、フランスの美食、シャンパン、そして「ブリ・ド・モー」だったのだ。

ちなみに、ウィーン会議でのチーズ・コンテストで第2位となったのは、フランスの「エポワス」チーズである。「エポワス」チーズは、牛乳を原料とする、ウォッシュタイプの一種である。マール・ド・ブルゴーニュという葡萄(ぶどう)の搾(しぼ)りかすでつくったブランデーで外皮を洗い、熟成させていく。表面は濃いオレンジ色をしており、香りも刺激的だが、中身は重厚なコクと塩味が際立っている。

「エポワス」チーズを生み出したのは、16世紀、ブルゴーニュにあったシトー派修道会といわれる。17世紀、ルイ14世の宮廷ではブルゴーニュから「エポワス」が持ちこまれ、食されていたという。18〜19世紀にフランスで活躍した美食家のブリア・サヴァラン（後述）は、「エポワス」をして「チーズの王」としている。

フランスでのチーズづくりの主役は、修道院から農民へ

1789年に勃発したフランス革命は、フランスのチーズ文化の担い手を転換させている。中世よりヨーロッパでは、司教や修道院がチーズづくりの主役を担い、農地を拓き、多くのチーズをつくってきた。

そのなかには、名チーズもあった。フランスはとくにそうで、ブルゴーニュにはクリュニー修道院もあり、各地にはシトー派修道会があった。

けれども、フランス革命は修道院の時代を終わらせる。革命によって、フランス各地の修道院が破壊されていったからだ。

フランス革命は、後世は理想として語られるが、現実には血なまぐさく、多くの破壊をともなった。とくに憎悪の対象となったのは、カトリックの教会や修道院である。

フランス革命の根底にあったひとつは、反カトリックであった。フランスのアンシャン・レジーム（旧制度）では、第一身分が聖職者、第二身分が貴族、第三身分が市民や農民である。第三身分の市民や農民は、政治的な権利を何ら与えられておらず、聖職者に特権があった。

ゆえにフランス革命のエスカレーションが進むほどに、教会や修道院は憎悪と破壊の対象になり、無残に打ち壊され、掠奪（りゃくだつ）を受けていた。クリュニー修道院も破壊の憂き目に遭っていたし、シトー派の修道院も同じだった。名チーズ「エポワス」を生み出した修道院も、このときに壊されている。

こうして修道院の力はなくなり、チーズづくりの主役から降りることになる。では、フランスにチーズづくりの伝統が絶えたかというと、そうはなっていない。修道院の仕事を引き継ぐかのように、農民たちが新たな主役となった。

すでに農民たちは修道院でチーズづくりの仕事もしていたから、知識と技量を備えている。フランス革命ののち、フランスでは農民たちがチーズ文化を守っていくことになったのだ。

チーズにその名を残した美食家ブリア・サヴァランとは

フランス革命やナポレオンの暴風時代を生きたフランス人に、ブリア・サヴァランという人物がいる。ブリア・サヴァランは、法律家でもあれば、政治家でもあった。フランス革命勃発時には革命に与していたが、やがて革命政権から粛清の対象となっていく。彼はフランスを脱出し、亡命していたこともあった。

ブリア・サヴァランは、当代屈指の美食家でもあった。彼には、食にかんする名言がいくつかある。そのひとつが、「あなたがふだん食べているものを教えてほしい。あなたがどんな人物であるか、当ててみせよう」だ。

たしかに、この箴言は食通にして人間観察に長けた者でないと、いえない言葉だろう。たとえば、乳製品が好きな人は勤勉、果物好きなら内向的、甘い菓子が好きな人は開放的など、当たっているかどうかは別として、人それぞれに考え、解釈する愉しみもある。

ブリア・サヴァランは、著書『美味礼賛』のなかでチーズについても語っており、チーズはディセール（デザート）に絶対に欠かせないという趣旨の名言を残している。今日では不適切とされる表現なので、ここで紹介できないのが残念だが、興味のある人は調べてみてほしい。

もともとチーズはデザートとして食されてきた歴史がある。19世紀前半のフランスにおいても、そうであった。そしてブリア・サヴァランは、チーズのないデザートなんて画竜（がりょう）点睛（てんせい）を欠くデザートだとしているのだ。

ブリア・サヴァランの名は、現代にあってはチーズ名になっている。それが、フランスの白カビタイプ「ブリア・サヴァラン」だ。

「ブリア・サヴァラン」の歴史は、比較的新しい。１８９０年にノルマンディー地方の村で生み出され、当時は「エクセルシオール」、あるいは「デリス・デ・グルメ」の名がついていた。その後、１９３０年にブリア・サヴァランに敬意を表するため、「ブリア・サヴァラン」に改名している。

「ブリア・サヴァラン」は、とろけるように口あたりがよく、しかも上品でふくよかさを感じる。フランスの一流レストランでは、ディセールの前に、フロマージュ（チーズ）のワゴンを提供する。給仕は、お客によく「これを食べてほしい」と「ブリア・サヴァラン」を勧（すす）めてくる。

イングランド人が基礎を築いたアメリカ大陸でのチーズづくり

１４９２年にコロンブスが西インド諸島に到達して以来、ヨーロッパの勢力が関心を持ち始めたのが、アメリカ大陸をどうするかだ。真っ先にスペインが動き、続いてイングランドやフランスも植民地獲得に向かった。

イングランドの北米進出は、17世紀前半、ジェームズタウン、ヴァージニア植民地の建設から始まる。有名な、ピルグリム・ファーザーズによるプリマス植民地建設も続いた。ピルグリム・ファーザーズは、ピューリタンの一派であり、カトリック色の強いジェームズ1世の統治を嫌い、新大陸に渡ってきた。その後も経済的な事情、宗教的な事情からイングランドを離れ、アメリカへ渡る移民が続く。

彼らがイングランドから新大陸に持ちこんだもののひとつに、牛があった。１６２９年には5隻の船に30頭の牛を乗せ、１６３０年には11隻の船に２４０頭の牛を乗せて、北米大陸に上陸している。

新大陸に牛を持ちこんだのは、ミルクを飲むためでもあれば、チーズづくりのためでもあった。すでにイングランドの住人にチーズは不可欠な食品となっていたから、移住に牛は必要だったのだ。こうして、新大陸での酪農の基礎が築かれ、アメリカは世界最大のチーズ生産国への第一歩を踏み出す。

新大陸での酪農は、先住民であるネイティブ・アメリカンとの対立を招いた。当初は牛を放し飼いにすることも多く、牛がネイティブ・アメリカンのトウモロコシ畑に入って荒らしてしまうこともあった。あるいは、ネイティブ・アメリカンの狩り場に牛牧場をつくることもあり、牛をめぐるトラブルが対立の火に油を注いでいたのだ。

北米産チーズと西インド諸島の奴隷労働者の関係とは

イングランドが北米大陸の東海岸に植民地を築いていった時代、イングランドがやがて目をつけたのが北米産チーズの売り先である。それは、カリブ海に浮かぶ西インド諸島であった。

当時、イングランドが手がけていたのは、西インド諸島でのサトウキビ栽培である。イングランド人の経営者たちはサトウキビの大プランテーションを運営、サトウキビから砂糖を生産していた。当時、ヨーロッパで砂糖は貴重品であり、西インド諸島で生産された砂糖を本国やヨーロッパ大陸で売れば、大きな利益になったのだ。

ただ、サトウキビ畑での仕事は重労働である。サトウキビは高さ3メートルにまで成長するため、農作業に家畜を使うことができない。そのため人力労働に頼ることになる。

当初はイングランドで食い詰めた者たちを連れてきて仕事をさせていたが、それだけでは足りなくなる。そこで考えられたのが、アフリカ大陸から黒人を連れてきて、サトウキビの大プランテーションで奴隷として働かせることであった。

こうしてアフリカから大量の黒人を西インド諸島に連れ去ると、西インド諸島では黒人奴隷の食物が不足する。すでに大プランテーション経営のため、西インド諸島ではサトウキビ以外の作物栽培は放棄されていたから、なおさらだった。

ここでイングランドの商人や経営者が目をつけたのが、北米大陸の植民地で生産されていたチーズである。このチーズを、西インド諸島で酷使している黒人奴隷の食糧にしたのだ。重労働を強いられている黒人奴隷にも、高栄養の食品が必要であり、それを解決するのがチーズだった。

西インド諸島と同じ現象は、やがて北米大陸でも起きている。18世紀末からアメリカ南部では、綿花栽培が盛んになる。南部の経営者たちが、大規模な綿花のプランテーションを営み、黒人奴隷を働かせるようになっていったとき、黒人奴隷の食糧が不足した。

南部だけでは、食糧は足りない。そこで、南部の経営者たちはアメリカ北部で生産されていたチーズを買い求め、黒人奴隷の食糧にしていたのだ。

5章

大量生産時代の訪れと揺れ動くチーズの未来

作曲家ロッシーニの食卓に見る19世紀のチーズ栄光時代

19世紀は、チーズの黄金時代といってもいいだろう。ヨーロッパでは階級を問わず、どんな人でもチーズを手に入れることができた。貴族や富豪は、その財力にあかせて品質の高いチーズを追い求めることができた。「プロセスチーズ」を除き、すでに現在あるチーズのほとんどが、19世紀には登場している。

19世紀後半以降、工業化によるチーズの大量生産が始まると、チーズのありようは変質していく。その工業化がエスカレーションする以前、19世紀はチーズが高みに達した時代であった。そのことを、オペラ作曲家ロッシーニの食卓から見てとれる。

ロッシーニはイタリアで生まれ、1820年代にパリに登場した作曲家だ。当時、彼が手がけたオペラは次々と大ヒットし、「ヨーロッパの音楽皇帝」ともいえる存在であった。ロッシーニは美食家として知られ、自分でも料理のレシピをつくっている。トリュフを使ったステーキ「トゥルヌド・ロッシーニ」は、よく知られるところだ。

その美食家ロッシーニが好んだ食材のリストがある。ナポリ産のマカロニ、ピエモンテとウンブリアのトリュフ、ストラスブールのパテ、モデナの酢、ボルドー・ワイン、シャンパン、ドイツのライン・ワインなどとともにあるのが、「ゴルゴンゾーラ」「チェダー」チーズである。「ゴルゴンゾーラ」は、ロッシーニの故郷イタリアのチーズであり、「チェダー」はイングランド生まれのチーズである。

ロッシーニはヨーロッパ各国を旅した人物であり、当時のパリにはヨーロッパの有名チーズもいくつかは集まっていただろう。そのなかで、彼は「ゴルゴンゾーラ」「チェダー」をとりわけ好んでいたのである。彼にすれば、フランスの銘品「ブリー・ド・モー」や「エポワス」よりも、「ゴルゴンゾーラ」や「チェダー」だったのだ。

「ゴルゴンゾーラ」チーズは、青カビタイプの一種であり、牛乳を原料とする。イタリアのロンバルディア州、ピエモンテ州でつくられ、フランスの「ロックフォール」、イングランドの「スティルトン」とともに、3大ブルーチーズともいわれる。

「ゴルゴンゾーラ」には、「ピッカンテ」と「ドルチェ」というふたつのタイプがある。「ピッカンテ」は伝統的なもので、水分は少なく、ピリピリした刺激的な味わいがある。そして、「ドルチェ」は近年になってつくられるようになったもので、水分が多く、口あたりがいい。

イタリア半島の主なチーズ

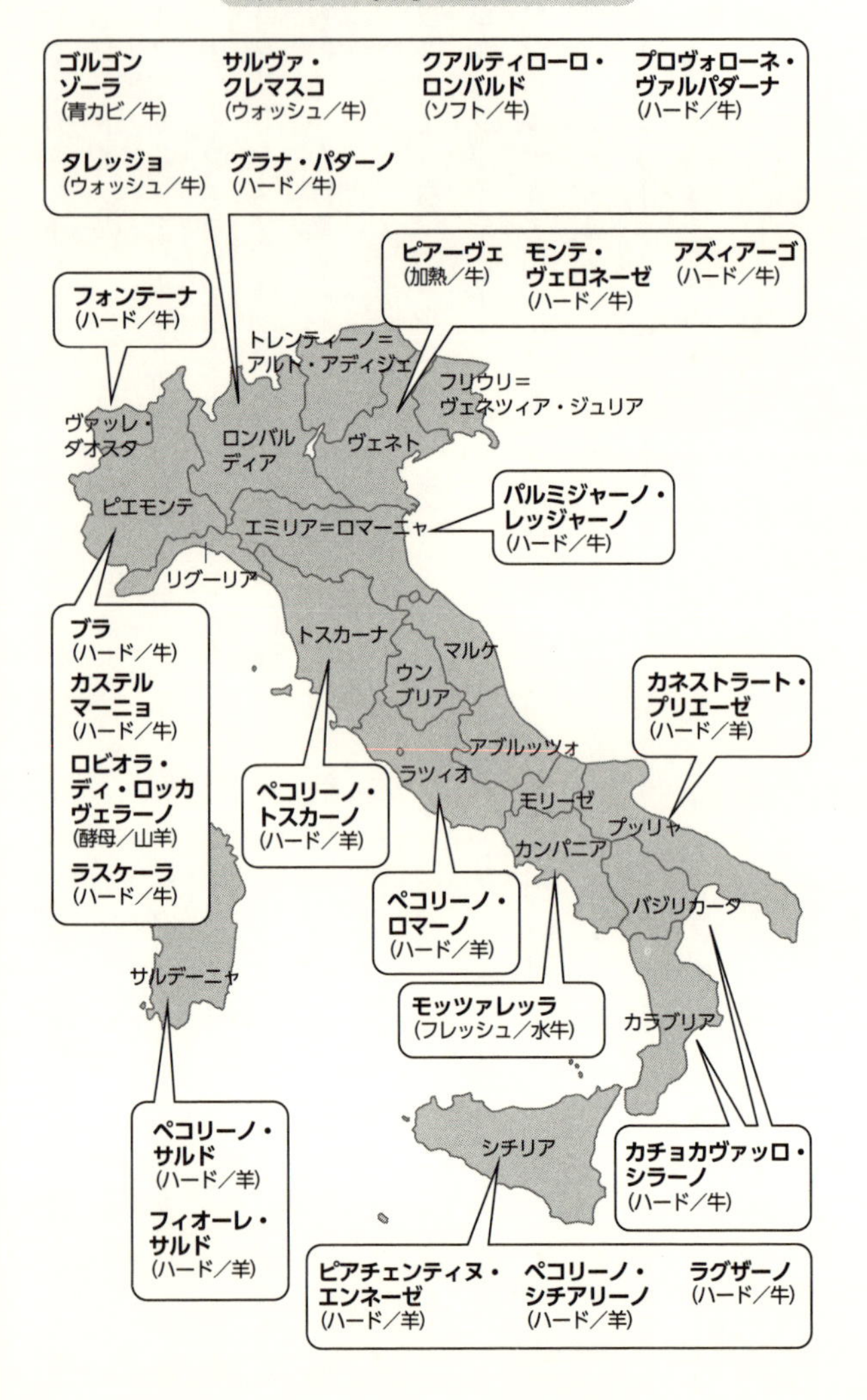

ただ、ロッシーニの時代には「ゴルゴンゾーラ」の名は存在していない。当時は「ストラッキーノ」、あるいは「ストラッキーノ・ディ・ゴルゴンゾーラ」の名で呼ばれていた。

イタリア・ロンバルディア地方には、「疲れた」を意味する「ストラッコ」という方言がある。「ゴルゴンゾーラ」を産するゴルゴンゾーラ村は、高地の牧場から何時間もかけて下りてきた牛たちの休憩地になっていた。牛たちは移動で疲れていたから、「ストラッキーノ」の名がついたという。「ゴルゴンゾーラ」が正式名称になったのは、20世紀になってからだ。

ナポレオン3世の時代、円熟期を迎えたフランス産チーズ

1848年はフランスが激動した年であった。この年の2月、パリで二月革命が勃発、国王ルイ・フィリップは革命を抑えきれず、イギリスに亡命する。これによりフランスの王政時代は終わった。

フランスでは新たに第二共和政が始まるが、12月の大統領選に勝利し、大統領となったのは、無敵の皇帝ナポレオン1世の甥ルイ・ナポレオンである。それは20年余にのぼるル

イ・ナポレオン、つまりナポレオン３世の時代のスタートだった。ルイ・ナポレオンは、国民投票によって１８５２年に皇帝に即位、ナポレオン３世となる。

現在、フランスでナポレオン３世の評判は芳しくない。１８７０年の普仏戦争でプロイセン軍に敗れ、捕虜になってしまったからだ。連戦連勝のナポレオン１世と比べて見たとき、あまりに無様であった。

ナポレオン３世はフランスの不名誉そのものであり、いまも悪くいわれる。だが、彼は不衛生で猥雑だったパリを大改造し、現在に通じる「華の都」パリをつくった人物である。さらには、フランスの名誉を世界に広めようとした人物でもある。

ナポレオン３世の時代、フランスのチーズ文化はより高まり、フランスチーズの評判はより広まったと思われる。というのも、ナポレオン３世の時代、フランスでは鉄道建設が猛烈に進んだからだ。

１８５２年当時、フランスの鉄道敷設距離は３８７０キロメートルにすぎなかった。この年、ナポレオン３世が鉄道建設を促進するための大統領令を発すると、一気に鉄道建設ラッシュが始まり、１８６０年には敷設距離は９５００キロにも伸びている。

こうして、パリとフランスの各地方が鉄道で結ばれていくと、フランスの地方チーズもパリに大量輸送しやすくなる。これまでフランスの各地方からパリにチーズを届けるには、馬車くらいしか手段がなかったが、鉄道はすべてを変えたのだ。パリの住人は、フランスの地方の名チーズを知り、よりチーズ食を愉しむようになったはずだ。

さらに、ナポレオン3世は、1855年にパリで万国博覧会を開催している。パリ万博は、フランスの産業がいかに発達、充実しているかを世界に知らしめる国威発揚の場であった。フランスの農産物も万博に出展していた。そのなかにはワインもあれば、チーズもあった。

とくに、ワインは万博を機に名声を得ている。ボルドー・ワインの格付けがなされ、広く知られるようになったのだ。フランスのチーズにしろ、ワイン同様、万博を通じてその品質の高さを広く知られるようになったと推察できる。

「カマンベール」チーズとナポレオン3世の伝説の真相

ナポレオン3世の時代、フランスで広く知られるようになったのが、「カマンベール」チーズである。すでに述べたように、フランスにはナポレオン1世と「カマンベール」の神話のようなものがあった。けれども、その神話はほぼ後世の創作であり、実際に「カマンベール」の名声に関与したのは、甥のナポレオン３世だったと思われる。

それは、１８６３年のこととされる。パリとノルマンディーのグランヴィル間の鉄道が開通したとき、皇帝ナポレオン３世は「カマンベール」の始祖マリー・アレルの子孫ペネルと会う機会があった。

このとき、ペネルはナポレオン３世に「カマンベール」を献上する。ナポレオン３世は「カマンベール」の美味に唸り、興奮した。これが新聞記事にもなり、「カマンベール」の名はフランス全土にも轟くようになったのだ。

じつは、この話にも創作がある。１８６３年のパリ―グランヴィル間には、まだ鉄道が開通していない。開通するのは、ナポレオン３世がプロイセン軍の捕虜になる１８７０年のことだ。どうやら、鉄道開通を記念してナポレオン３世とペネルが会ったという話は嘘のようだ。

ただ、ナポレオン３世の時代に「カマンベール」は知られるようになっていたから、彼に「カマンベール」が献上された話までは創作ではないと思われる。実際、ナポレオン３世在位中の１８６５年、ペネルの牧場では５万９１４６個もの「カマンベール」チーズを生産していたという。ペネルの牧場のみならず、1859年の段階で、ノルマンディーのカルヴァドス地域だけで「カマンベール」チーズの生産者は30以上あったという。

「カマンベール」チーズがより有名になるのは、ナポレオン3世の時代が終わって20年後の1890年以降のことだ。

この頃、「カマンベール」を、ラベルを貼った経木（きょうぎ）（薄い木の板）の小箱に詰めて輸送することが考案された。それまでは、藁（わら）の上に載せられ、薄い包装紙に包まれて輸送されていたが、これでは型崩れを起こしてしまうし、光が当たることで熟成の妨（さまた）げにもなる。現在に通じる小箱に詰めるスタイルなら、型崩れも、日光による温度上昇も防げるので、輸送中も熟成を続けられる。これにより、「カマンベール」はより遠くまで輸送できるようになり、大西洋を渡り、アメリカへも輸出できるようになったのだ。

その後、「カマンベール」とマリー・アレルの伝説が世界に定着していくのは、1926年のことだ。アメリカ人の医師ジョセフ・クニリムが、ノルマンディーにまでやって来て、マリー・アレルの墓に月桂冠（げっけいかん）を捧げたのだ。

クニリムは、消化不良に悩む患者に「カマンベール」を使った治療を行なっており、「カマンベール」の始祖マリー・アレルの墓を訪れて、感謝と敬慕（けいぼ）の念を捧げたかった。

ところが、カマンベール村周辺の人たちは、マリー・アレルの存在を忘れていた。それでもマリーの墓を見つけ出し、クニリムの墓参は叶えられた。満足したクニリムはマリーの記念碑をこの地に建てることを宣言し、寄付金を募った。これにより、1928年にマリー・アレルの彫像が建てられたのだ。

この出来事により、マリー・アレルは「カマンベール」の始祖として神話化されていった。彼女がいかに偉大であったかを語りたいがために、皇帝ナポレオンと絡めた伝説も生まれていったのだろう。

マリー・アレルの彫像は、第2次世界大戦下、空爆によっていったんは破壊されているが、その後、新たな彫像が建てられている。

また、「カマンベール」の名が全フランスに轟き始めた19世紀、「カマンベール」の故郷ノルマンディー地方でもっとも食されたチーズは、「カマンベール」ではなかった。もっとも食べられたチーズは、「リヴァロ」チーズである。

「リヴァロ」は、ウォッシュタイプの一種であり、牛乳を原料としている。外皮はザラついているが、中身はねっとりとしている。「リヴァロ」は「カマンベール」よりも古いチーズで、17世紀にはすでに存在していたようだ。いわば、ノルマンディーの古株チーズだったのだ。

19世紀、「カマンベール」チーズが人気となっていた時代、「リヴァロ」も負けていなかった。ただ、「カマンベール」が富裕層に人気となった一方で、「リヴァロ」を食べるのは富裕ではない人たちであった。そのため、「リヴァロ」は「貧者の肉」とも呼ばれていた。「リヴァロ」の名は、バターに利用するために生乳からクリームを取り除いた脱脂乳からつくられるため、そう呼ばれていた。

ヨーロッパでは、市井（しせい）の者にも肉食が進んでいたが、それでもまだ肉は貴重品だった。19世紀、チーズはいまだ貴重なタンパク源だったのだ。

「パストゥリザシオン」によって殺菌化されたチーズが登場

19世紀は科学が飛躍的に進化を始めた時代であり、チーズの製造も科学によってコントロールされていくようになる。とくに、「パストゥリザシオン（低温殺菌法）」の開発は、牛乳とチーズに大きな影響を与えた。

「パストゥリザシオン」は、英語では「パスチャライゼーション」という。いずれも、19

世紀のフランスの微生物学者ルイ・パストゥールの名を冠した呼称である。

「パストゥリザシオン」は、摂氏１００度以下の温度で行なう加熱殺菌法である。１８６６年にパストゥールとクロード・ベルナールによって、最初はワインの殺菌法として導入された。

この「パストゥリザシオン」が、やがて牛乳にも応用されるようになる。これにより、牛乳は冷蔵庫での長期保存が可能になった。つまり、すぐには傷まない牛乳が登場したのである。以後、「パストゥリザシオン」による加熱殺菌は、チーズ製造でも行なわれるようになる。後述するように、19世紀後半からチーズの大量生産が始まる。加熱殺菌は、チーズの大量生産に必要な製造工程のひとつともなっていく。

加熱殺菌乳によるチーズは、たしかに品質を安定させ、食の安全にもつながった。大量生産に適しているから、よりチーズが広まったのもたしかだ。

ただ、その一方、加熱殺菌乳が広範に使われ始めると、チーズはもともとの風味を失っていく。加熱殺菌により、チーズの風味を形成するのに重要な働きをする土地由来の微生物が失われてしまったからだ。これではチーズを熟成させてもこれまでと同じ味にはならない。

じつのところ、生乳内にある菌や微生物が熟成したチーズの持つ複雑で奥深い味わいに関与していることもわかっていたが、それをコントロールすることが難しく、安定的な大量生産には向いていなかった。

加熱殺菌乳によるチーズは、チーズのさらなる大衆化を進めるひとつの力にもなったが、20世紀には伝統回帰やテロワール表現などをめぐってさまざまな動きが出ている。

工場での大量生産により、アメリカがチーズの一大輸出国へ

1851年は、近代チーズ史にとって画期的な年である。この年、アメリカでチーズ工場が建てられ、チーズの大量生産が始まったからだ。

すでに19世紀前半、アメリカの農場は大規模化し、40頭以上の乳牛を飼うのがふつうになっていた。と同時に、この時代にアメリカでも産業革命が進行しつつあった。そして産業革命による工場化、大量生産は、チーズの世界にも及んだのだ。

アメリカで始まったチーズ工場では、周辺の農場から牛乳を集め、チーズを大量生産した。最初のシーズンで、すでに45トン超のチーズを生産していたという。これは、大規模

農場が生産するチーズの量のおよそ5倍にもなっていた。

　以後、アメリカでは次々にチーズ工場の建設が進み、チーズが大量生産されていく。農場生産のチーズは激減したが、アメリカのチーズ生産は増大するばかりであった。アメリカは、チーズの一大輸出国にもなっていた。

　アメリカにおけるチーズの大量生産は、当然のこととして、チーズ価格の下落をともなった。消費者は、これまでになく安くチーズを手に入れることができるようになり、チーズはもはや、あって当たり前の食品となった。工業化により、チーズは有史以来、人類社会にもっとも広く浸透していくことになったのだ。

　ただ、チーズの工場生産は完全な薔薇(ばら)色の未来を生みはしなかったのも事実だ。工場生産で安いチーズを大量に売る限り、常に価格競争の世界にさらされる。競争に勝つには、どこかでコストカットしなければならず、それはチーズの品質を落とすことにもつながりかねない。

　現代においても、工場製チーズは常にコストカットの圧力にさらされており、チーズ工場経営者の頭を悩ませている。

なぜ、「チェダー」がアメリカ産チーズの主力商品となったのか?

19世紀半ば、チーズの大量生産がアメリカの工場で始まったとき、その主力商品となったのが「チェダー」チーズである。「チェダー」チーズは、イングランドのチェダー生まれのチーズだ。その「チェダー」チーズを、チェダーとははるか離れた土地で工場生産し始めたのだ。

アメリカの工場が「チェダー」チーズを集中的につくるようになったのは、ひとつにはイギリスという大市場があったからだ。もともと、「チェダー」は「チェシャー」チーズとともに、イギリスで人気があったチーズである。

19世紀半ばのイギリスで、「チェダー」は「チェシャー」を抑えて、もっとも人気があり、もっとも値段の高いチーズになっていた。チーズでひと儲けもふた儲けもしたいアメリカのチーズ工場経営者たちは、「チェダー」をもっとも高く売れるはずのチーズと見込んで大量生産し、イギリスに輸出し続けていたのだ。

もうひとつ、当時のイギリスで「チェダー」チーズの品質と均一性を管理する手法が開発されていたことがある。「チェダー」は生産しやすいチーズになり、アメリカのチーズ工場もこの手法を導入したのだ。

アメリカの工場で生産された「チェダー」チーズは、アメリカ国内でもよく売れた。アメリカでも、チーズといえばすぐに「チェダー」を連想するくらいに親しまれたのだ。今日、チーズ味のスナックに「チェダー味」があるのも、その証しだろう。

ただ、このアメリカでの「チェダー」チーズの大量生産は、ひとつの問題を孕(はら)んでもいた。アメリカ人が「チェダー」チーズを親しむほどに、これを自国の伝統的なチーズとさえ思いこむようになったのだ。

あるいは、「チェダー」をチーズのひとつのスタイルと見なすようになった。原産地であるイギリスのチェダーは忘れ去られ、イギリス産でない「チェダー」が、チーズの世界で大きな存在となっていったのだ。

アメリカでは、これと同じ現象が他にも起きている。アメリカにやって来た移民たちは、それぞれの国のチーズづくりの手法を持ちこみ、やがて根づかせた。フランス人なら「カマンベール」や「ブリ」チーズを、イタリア人なら「モッツァレッラ」や「パルメザン」チーズである。そのため、アメリカでも「カマンベール」や「パルメザン」の製造が始まり、原産地とはまったく別の世界で根づいていったのだ。

この現象は、アメリカのみにとどまらない。世界各国で「チェダー」や「ゴーダ」「エダム」などのチーズづくりが始まり、原産地のチェダー、ゴーダ、エダムの名は忘れ去られていった。これが、20世紀には「原産地呼称」をどうするかという問題にもなっていく。

「クリームチーズ」もアメリカのチーズ工場で誕生

アメリカのチーズ工場は、単にチーズの生産量を増大させただけではない。じつは、新たなチーズを生み出している。そのひとつが、「クリームチーズ」だ。

「クリームチーズ」は、フレッシュタイプの一種である。生クリーム、あるいはクリームと牛乳を混ぜ、乳酸発酵させたのち、ホエイ（乳清（にゅうせい））を取り除けば、クリームチーズとなる。じつのところ家庭でもつくることができるチーズであるが、19世紀後半のアメリカでちょっとした偶然から誕生している。

クリームチーズを生み出したのは、ウィリアム・ローレンスという酪農家である。彼はチーズ工場を買収し、大量生産を始めていたが、あるとき製造工程で誤（あやま）って生クリームを多く入れてしまった。

できあがったチーズは、いつものチーズよりもずっとなめらかであった。ローレンスは、このチーズを「クリームチーズ」と名づけて、市場に売り出そうとした。それが商品名「フィラデルフィア・クリームチーズ」となり、アメリカの消費者に大歓迎された。

「クリームチーズ」は、それまでのチーズよりもずっとまろやかで、しかもクセがない。チーズが嫌いな人でさえも口にできるチーズであり、世界各地に広まっていく。「クリームチーズ」を塗ったベーグルは、アメリカ人の好きな朝食のひとつにもなっている。

アメリカの躍進に貢献した「プロセスチーズ」の斬新性とは

アメリカは建国300年にも満たない新興国ながら、チーズの歴史を大きく変える役割を果たしている。そのひとつがチーズの工場生産を始めたことであり、もうひとつが「プロセスチーズ」を普及させたことである。

「プロセスチーズ」は現在、日本人にもっとも馴染（なじ）みのあるチーズといえるが、その本格的な歴史はようやく100年を超えたばかりである。ただ、「プロセスチーズ」は、これまでのチーズの概念を打ち崩すものでもあった。

「プロセスチーズ」は和製英語だが、日本語に訳せば「加工チーズ」である。英語では「プロセスド・チーズ」だ。「プロセスチーズ」は、これまでの既存のチーズ、つまりナチュラルチーズを砕き、加熱融解し、乳化剤を混ぜてつくられる。原料となっているナチュラルチーズには、「ゴーダ」や「チェダー」チーズなどがある。

「プロセスチーズ」の特徴は、長期保存において既成のチーズを上回るところだ。「プロセスチーズ」には、加熱融解の工程がある。この加熱融解の工程で殺菌してしまうから、できあがった「プロセスチーズ」は熟成することはない一方で、長期保存がきく食品となったのである。

しかも、工場製チーズだから大量生産がいくらでもできるし、味も均一になる。軟らかく成形しやすいから、スライスチーズにもできる。現在は、ハンバーガーやサンドイッチの具にも「プロセスチーズ」が使われている。

「プロセスチーズ」のようなタイプのチーズは、もともとスイスにあったともいう。1911年にスイスの会社が「プロセスチーズ」を発明したのだが、その名を圧倒的に知らしめたのは、アメリカのJ．L．クラフト兄弟商会（現在のクラフト・ハインツにつながる）である。この兄弟商会が１９１０年代に独自技術で缶入りのプロセスチーズを開発、やがては世界一の「プロセスチーズ」製造会社ともなった。

「プロセスチーズ」の名を世界に広めたのは、第１次世界大戦である。アメリカが参戦するにあたって、クラフト兄弟商会はおよそ２７００万トンの「プロセスチーズ」を政府に納入している。

１９１４年に始まった第１次世界大戦は、ヨーロッパを破壊した戦いである。最大の戦いは、フランスやベルギー国境でのイギリス・フランス連合軍対ドイツ軍の西部戦線であった。西部戦線の戦いは塹壕(ざんごう)戦となり、多大な犠牲を出しながら、戦線は膠着(こうちゃく)したままだった。アメリカはといえば、当初、中立を決めこんでいたが、１９１７年に英仏に与(くみ)し、ドイツに宣戦布告する。このアメリカの参戦が膠着状態の戦争を変えた。

アメリカ兵は元気があり、勇猛だったから、戦況を変える力があった。アメリカ参戦によってドイツ軍は行き詰まり、ついには降伏する。そのアメリカ兵を支えた食糧のひとつに大量の「プロセスチーズ」があったのだ。長期保存のきく「プロセスチーズ」は、前線のアメリカ兵にとってよいエネルギー源となった。

第１次世界大戦後も、「プロセスチーズ」は、アメリカ人のエネルギー源であり続けた。

アメリカ人はプロセスチーズ入りのハンバーガーやサンドイッチを頬張り（ほおばり）ながら戦い、経済活動を続けた。アメリカは世界随一（ずいいち）の大国にまでのしあがったが、その躍進を支えたひとつが、「プロセスチーズ」だったのだ。

第1次大戦のフランス軍を支えた「カマンベール」チーズ

第1次世界大戦でアメリカ兵を支えたのが「プロセスチーズ」だったが、フランスの場合、兵士を支えたのは「カマンベール」チーズだった。

1914年に勃発した第1次世界大戦には、これまでにない数の大砲や機関銃が投入された。そのため多くの兵士が犠牲となり、フランス兵も例外ではなかった。フランス兵が自暴自棄になり、反乱を起こすこともあった。けれども、フランス軍は決壊しなかった。決壊寸前のフランス兵を支えたひとつが、「カマンベール」チーズだったのである。

とくに1918年にもなると、毎月100万個以上の「カマンベール」がフランス兵に支給されている。兵の反乱を経験したフランス軍首脳は、よい食事を与えて兵を慰撫（いぶ）したかった。そのための「カマンベール」だったのだ。

戦後、フランスの若者たちは故郷に帰るが、戦場で食べた「カマンベール」の味を忘れることができなかった。それほどに「カマンベール」は美味であり、癒やしであった。帰還した若者たちが求め始めたことにより、「カマンベール」はさらに人気のチーズとなっていったのだ。

20世紀の新たな胎動となった「工場製チーズ」

19世紀半ばにアメリカで始まったチーズの工場生産は、やがて世界各地に広まる。20世紀になると、世界には多くのチーズメーカー、乳製品メーカーが登場し、チーズの主流にさえなっていく。チーズの世界も、いわば資本主義化されたといっていい。

チーズ大国フランスにも、20世紀に次々とチーズメーカーが誕生している。たとえば、1922年にはレオン・ベルによって「ラ・ヴァッシュ・キ・リ」が創業している。「ラ・ヴァッシュ・キ・リ」は、現在のフロマジェリーベル（ベルグループ）の前身である。同社を代表するチーズが、1966年に販売開始となった「キリ」だ。

「キリ」は、クリームチーズの一種である。子どもでも食べやすい甘味があり、フランス人の日常の食卓に溶けこんでいる。日本でも人気のチーズであり、世界100か国以上に輸出されている。ライバル他社は「キリ」と同じようなチーズをつくろうとするが、真似できないという。

続いて現れたフランスの大手チーズメーカーは、ベニエ社である。ベニエは家族経営の小さなチーズ生産会社として1933年に創業、1950年代に大胆な工業化を進め、大発展を遂げる。1999年から、現在名の「ラクタリス・グループ」と改めている。

現在、ラクタリス・グループは、世界最大の乳製品会社である。2023年の時点でフランスの食品部門では、同業のダノン社を抑えて首位。世界の食品会社のなかでも、10位に位置づけされている。世界150か国で乳製品を販売しており、チーズの主力ブランドは、「プレジデント」だ。フランスでも日本でも、この「プレジデント」の名前で流通している。

ラクタリス・グループは、単なる大量生産追求の乳製品メーカーではない。大胆な工業化の道を歩みながら、チーズづくりにおいては非工業化製法も維持している。そのために小さなチーズ生産者たちの力も得ている。ラクタリスの経済力のおかげで、小さなチーズ生産者が存続できているという一面もあるのだ。

また、1956年には、フランスでボングラン社が「カプリス・デ・デュー」を売り出している。加熱殺菌乳を原料とした白カビタイプ「カプリス・デ・デュー」もまた、フランスの家庭に受け入れられ、フランス人の定番チーズとなっていった。

ボングラン社のボングランは、もともとは神学校に通い、聖職者を志望していた。しかし、父親が急死したため、聖職者への夢を絶ち、家業を継承した。ボングランはこれを神の意志と解釈して、商品名を「カプリス・デ・デュー（神の気まぐれ）」としたのだ。

チーズ文化を称揚して、フランスを励ましたチャーチル

1939年に始まった第2次世界大戦で、フランスは恥辱を経験する。ナチス・ドイツの機甲師団の前にフランス陸軍は翻弄され、やがてドイツに降伏する。ナチス・ドイツの総統アドルフ・ヒトラーは、パリに入城した。

敗北の屈辱にまみれたフランスを叱咤・激励したのは、フランスとともに戦ってきたイギリス首相ウィンストン・チャーチルだった。チャーチルは「400種類以上ものチーズを世界に提供する国が、滅びるわけがない」と語っている。

フランスは、生産量ではアメリカに及ばないとはいえ、チーズの歴史を紡いできた国である。その種類の多彩さに加え、「一村一チーズ」という言葉があるくらい、各地域の村々がオリジナリティのあるチーズをつくってきた。その個々のオリジナリティこそ、フランスの力そのものであるとチャーチルは見なしていたのだ。

一方、ドイツはというと、たしかにチーズの有力生産国ではあるが、フランスのチーズのようなオリジナリティには乏しい。ドイツ固有色が薄く、諸外国のチーズをアレンジしたものが多いのだ。

チーズのオリジナリティを見たとき、フランスとドイツの差は明らかであり、ドイツの「チーズ力」は低い。そんなチーズ力の低いドイツに、チーズ力の高いフランスが負けたままでよいはずはないと、チャーチルはフランス人を励ましていたのだ。

実際、一部のフランス人たちは占領者であるドイツに抵抗を続けたし、亡命していたド・ゴール将軍もフランス人に抵抗を呼びかけた。フランスは完全に死んだわけではなく、最後にはアメリカ軍の登場もあって、復活を遂げることができたのだ。

戦後、ド・ゴール将軍はフランスの大統領にもなるが、国内統治には手を焼いている。彼は「２４６種類ものチーズを持つ国を統治するのは困難」であるとも嘆いている。

この言葉は、フランス人は政府の命令を聞かないくらいに個性的だから、多くの種類のチーズをつくってきたという意味でもある。

ちなみに、ド・ゴールが大好きなチーズは、故郷の「ミモレット」だった。

第2次大戦によって断絶したイギリスのチーズ文化

第2次世界大戦下、イギリス首相チャーチルは、フランスのチーズ文化を讃え、フランス人の奮起をうながした。ただ、その一方、チャーチルを首班とする政府は、イギリスのチーズ文化を半ば壊滅させていた。イギリス政府が、厳重な食糧配給制を導入したからだ。

第2次世界大戦下、常にイギリスの脅威となったのは、ドイツ海軍による襲撃であった。ドイツのUボート、あるいは軍艦がイギリスの輸送船団を襲い、沈めていくほどに、イギリスは自給自足を余儀なくされる。そのために、イギリスは国内で食糧統制を行なわなければならなくなり、犠牲となった食物のひとつがチーズであった。

イギリスが食糧統制を進めるにあたって、もっとも優先したのは穀物生産である。エネルギー源である小麦やジャガイモを増産するため、牛を飼っていた牧場を穀物農地に変えていった。もちろん、イギリス政府もチーズの効用は認めており、チーズ生産を完全に止めさせたわけではない。ただ、チーズは配給制とし、それも「官製チェダー」といわれる1種類のみとなっていた。

この厳格な食糧統制下、イギリスのチーズメーカーの多くが消滅してしまった。ひと頃イギリスには3500のチーズメーカーがあったというが、第2次世界大戦後には、100以下に激減していたという。チーズづくりを行なう農家は、ほぼ壊滅してしまったといわれる。

それは、イギリスのチーズづくりの伝統を破壊するものでもあった。とくにイギリスを代表するチーズだった「チェダー」や「チェシャー」チーズにかんしては、完全に断絶してしまった。

大戦後、イギリスは国力を疲弊(ひへい)させていたうえに、経済も低迷していた。イギリスの農家製のチーズが復興を始めるのは、1970年代になってからのことだ。それまでの30年間以上、古きよき時代の「チェダー」はほぼつくられることがなく、いかなる風味のチーズだったかを知る者が、ほとんどいなくなってしまったといっていい。

現在、イギリスでの「チェダー」は、クロスバンド(布巻)の農家製チーズとして復元されている。本国では、かつてのような圧倒的な名声はないが、遠く離れた日本では、改めてクロスバンドチェダーのよさが評価されている。

その一方、アメリカでは自国産の「チェダー」チーズは一般的なものとなっており、工場でつくられた「チェダー」も流通している。

イタリアのフランスへの宣戦布告が「ブレス・ブルー」を生んだ

第2次世界大戦はイギリスで「チェダー」チーズを絶滅の危機に追いやったが、その一方、大戦は新たなチーズを生み出している。それが、フランスのブレス地方で生産される「ブレス・ブルー（ブルー・ド・ブレス）」だ。「ブレス・ブルー」は、牛乳を原料とした青カビタイプである。

「ブレス・ブルー」が誕生したのは、第2次世界大戦下、イタリアのフランスへの宣戦布告に発する。当時、フランスはドイツ軍の前に敗色が濃厚であり、これをチャンスと見たイタリアのムッソリーニ総統はフランスの領土切り取りを狙ったのだ。

このムッソリーニの目論見（もくろみ）はすぐに挫折するが、宣戦布告によって、イタリアの青カビタイプ「ゴルゴンゾーラ」が、フランスに入らなくなってしまった。これに困ったのが、フランスのブレス地方の住人であった。イタリアに近いブレス地方では、「ゴルゴンゾーラ」をよく食べていたからだ。

そこでブレス地方の住人たちは、独自で「ゴルゴンゾーラ」に似たチーズを開発しようとする。幸いなことに、ブレス地方には「ゴルゴンゾーラ」の製法を知っているイタリア人も住んでいた。彼から製法を聞き出したこともあり、ボングラン社によって1956年に「ブレス・ブルー」が誕生している。

「ブレス・ブルー」は、本家の「ゴルゴンゾーラ」と違って、工場製チーズだ。「ゴルゴンゾーラ」に似たチーズだが、それほどの刺激はない。

1950年代、「エポワス」チーズが世界から消滅していた理由

ウォッシュタイプの銘品「エポワス」チーズが絶頂にあったのは、19世紀だとされる。20世紀に入ってのち、やがて「エポワス」は衰退していく。

「エポワス」の生産者は、第1次世界大戦が始まる1914年の時点で、300軒くらい

あったという。それが1930年代には30軒に激減し、第2次世界大戦を経た1950年にはわずか2軒を残すのみとなっていた。そして、1956年頃には「エポワス」の生産者はすべてこの世から消え去ってしまっていた。

「エポワス」の衰退、消滅には、さまざまな原因があるだろうが、最大の原因はふたつの大戦であった。大戦にあって、「エポワス」づくりに携（たずさ）わってきた者たちが戦死するか、負傷してチーズをつくれない体になってしまったのだ。

とりわけ第1次世界大戦は、フランスの多くの若者の命を奪い、そこにはブルゴーニュで「エポワス」づくりに関係していた者もいたと思われる。

また、第2次世界大戦後、フランスが復活するには少し時間を要したし、安い工場製のチーズが数多く出回るようにもなっていた。チーズは大量生産するのが当たり前のような時代となり、チーズ生産者も生産効率や採算をシビアに考えるようになっていた。

「エポワス」といえば、高級品であるうえ、クセの強いチーズだ。それゆえ敬遠され、消滅への道をたどっていったのだ。時代の風潮が「エポワス」を消し去ったといってもいい。

「エポワス」の低迷とよく似た現象は、「エポワス」のあるブルゴーニュのワインにもあった。かつてフランス王を魅了してきたブルゴーニュワインだが、第2次世界大戦後しばらく、売れない時代を経験していた。復活するのは、アメリカ人や日本人がその魅力を知ってからなのだが、「エポワス」の低迷と通じるところがある。

けれども、いったんは消滅した「エポワス」はすぐに復活している。「エポワス」ほどの名チーズを消滅させたままにするのはもったいないと思う人物が出てきたのだ。それが、シモーヌとロベールのベルトー夫妻であった。

幸いなことに、ブルゴーニュには「エポワス」をつくってきた人たちが、まだ多く存命であった。彼らから「エポワス」の製法を聞き出すことにより、ベルトー夫妻は1957年にチーズ製造所を設立、「エポワス」を復活させている。1968年には「エポワス」の保護組合も設立された。「エポワス」は見事に復活を遂げたのだ。

現代のチーズ生産者は、3つのタイプに分かれている

「エポワス」の消滅、復活が物語るのは、現代にあって一時的ながら、「エポワス」のような伝統的スタイルのチーズが、苦しい状況に追いこまれていたということだ。

20世紀、「エポワス」チーズをつくってきたのは農家か酪農場である。一方、20世紀に大

きく台頭してきたのは工場製のチーズだった。この工場製チーズの急成長と市場拡大のために、昔ながらの農家製チーズは追いこまれる時代を経験したのだ。

現代にあっては、チーズ生産者は3つのタイプに分かれている。農家か、酪農場か、工場かだ。農家製チーズは「フェルミエ」、酪農場製チーズは「レティエ」と呼ばれている。

農家製チーズは、農家の手作業によってつくられる。昔ながらの伝統的な手法に則ってつくるから、大量生産はできない。加熱殺菌乳ではなく、搾乳したばかりの生乳を使うから、よく熟成し、奥行きのあるチーズにもなる。

ただし、工場製チーズに比べて値段は数倍にもなるから、愛好家でないとなかなか手を出せないし、スーパーマーケットでも売られていない。

酪農場製チーズは、数軒の農家が提供する乳を集めてつくられる。酪農協同組合が農家から乳を集めてつくるケースも少なくない。酪農場製チーズは農家製チーズよりも生産量が多いので、比較的手に入りやすいが、その品質にはばらつきがある。というのも、伝統的手法に則る作り手もあれば、そうでない作り手もいるからだ。生乳を使う作り手もいれば、加熱殺菌乳を使う作り手もいる。

工場製チーズは、広い地域から乳を工場に集めてつくる。食の安全を期して加熱殺菌乳が使われているが、そのためにチーズの熟成はない。また、集めた乳を混ぜ合わせるため、品質にばらつきがない。スーパーマーケットでも売られているから、安価で手に入りやすいし、いつでも安心して口にできる。その一方で農家製チーズのような深み、風味はない。

20世紀はその途中まで、工場製チーズが農家製チーズを押していく時代でもあった。そのために消滅してしまったチーズさえある。ただ、20世紀も後半になり、時代を経ていくうちに、農家製チーズが改めて評価されるようにもなっている。

「ロックフォール」チーズから始まっていた原産地呼称統制

20世紀、工場製チーズが急速に広がり、しかも世界各地でのチーズの名称には混乱があった。

フランスの「カマンベール」やオランダの「エダム」などは、他国でもつくられ、その名で流通していた。ノルマンディーの「カマンベール」とは風味が違っても、「カマンベール」と名乗るチーズはいくらでもあった。缶詰入りやチューブ入りで売られている「カマンベール」さえもあった。昔ながらの地域農産物としてのチーズは、不安定な立場になっていたのだ。

そんななか、動いたのはフランスである。フランスはワイン大国でもあれば、チーズ大国でもある。自国産ワインやチーズの尊厳、価値を守る必要があった。フランスは「原産地呼称統制（ＡＯＣ）」を取り決め、製造過程や品質評価などで特定の条件を満たした農産品に品質保証を与えることにしたのだ。

１９１９年、フランスはワインについてのＡＯＣを取り決め、続いてチーズについてのＡＯＣも始動させた。１９２５年、「ロックフォールチーズ」がチーズとして初めてのＡＯＣ認可を受けている。

ただ、それから先の数十年、チーズのＡＯＣ認可はさほど進まなかったが、１９５１年にフランスは新たなルールづくりに動く。フランスはイタリア、スイス、オランダに呼びかけ、イタリアのストレーザにて会議を行なっている。翌１９５２年には、さらに参加国を増やし、ローマで会議を開いている。ここでできたのが、「ストレーザ協定」だ。

「ストレーザ協定」は、原産地名称の相互不可侵の取り決めである。つまり「自国に固有なチーズ名称を侵(おか)さない、侵されない」取り決めだ。たとえば、オランダが「カマンベール」という名のチーズを生産してはいけないし、フランスが「ゴルゴンゾーラ」の名のつくチーズを生産してもいけない。「カマンベール」はフランスのノルマンディー固有のチーズであると、参加国に認めさせたのだ。

ちなみにストレーザでは、1935年に英仏伊の首脳による会議が開かれた歴史がある。1935年のストレーザ会議ではヒトラーのドイツに対して共同戦線をとることが取り決められ、「ストレーザ戦線」が始動する。ただ、この戦線が、イタリアがドイツと結びついて失敗したのに対して、1950年代の「ストレーザ協定」は効力を持った。

その後、フランスがAOC認可した農産物は、時間をかけながらも、他国でも高く評価されるようにもなってきた。1992年には、フランスのAOCはEU（欧州連合）にも認められている。

21世紀になると、EUもAOCにならって、独自の農産物認証を始める。それが、「原産地名称保護（フランス語でAOP、英語でPDO）」である。AOCやAOPの認証を受けたチーズは、伝統製法やテロワールが表現された風味を持つ唯一無二のチーズとして保護されることになった。これにより、昔ながらの農家製チーズは、生き残りの道筋をつけられたといっていい。

EUはAOP認証をEU内にとどまらず、世界に広げようとしている。そこから、アメリカとの摩擦も生まれている。すでに述べたように、移民の国・アメリカでは、移民たちが故郷のチーズ製法を持ちこみ、これを根づかせている。アメリカでは、ヨーロッパ産でない「カマンベール」「チェダー」「ゴーダ」などが売られていた。

これらの名称をどうするかだが、EU圏外にはEUの強制力は及ばない。そのチーズの名称がアメリカで一般名称になっているのなら、アメリカでも「カマンベール」や「チェダー」「ゴーダ」などの名はかまわないとされた。

問題は、「パルメザン」チーズだった。「パルメザン」チーズは「パルミジャーノ・レッジャーノ」でもあれば、それを模したチーズでもあるのだが、EU以外の多くの国では一般名称として流通してきた。けれども、EU内では「パルメザンチーズ」にも名称を保護する判断を下している。そのため、アメリカ企業が発売している「パルメザンチーズ」は、ヨーロッパではその名では売ることができなくなっている。

「カマンベール」チーズがいま直面している危機とは

ヨーロッパで原産地呼称統制が根づいていったとき、危うい立場にあるのが「カマンベール」チーズだ。「カマンベール」はＡＯＰ認証を受けながらも、本来の「カマンベール」が残せるかどうかの岐路にある。

じつは、ノルマンディーでつくられている「カマンベール」のなかで、「カマンベール・ド・ノルマンディー」の名でＡＯＰ認証を受けているチーズは、全体の10パーセントにも満たないのだ。

ノルマンディーで「カマンベール」を名乗ってきたチーズの多くは、これまで「カマンベール・ファブリック・エン・ノルマンディー（ノルマンディー地方のカマンベール）」の名で流通していた。大手のチーズメーカーも、この名をよく使っていた。ただ、この「カマンベール・ファブリック・エン・ノルマンディー」は、ＡＯＰ認証を受ける条件を満たしていない。

２０２２年、フランスは「カマンベール・ファブリック・エン・ノルマンディー」の呼称を認めないとしている。これまで「カマンベール」を名乗ってきたチーズの多くは、これから先「カマンベール」をチーズ名に入れられなくなる可能性が出てきたのだ。

「カマンベール」チーズの生産者は、「カマンベール」のあまりの名声に胡座（あぐら）をかいてきたようなところがある。チーズの伝統的な品質よりも、大量生産、効率性のほうに傾きがちだった。

しかも、「カマンベール・ド・ノルマンディー」の名でAOC認証を受けたのは、1983年と遅かった。それまでにAOC認証を受けられないような、非伝統的な「カマンベール」チーズが増えすぎてしまった。

そのため、「カマンベール・ド・ノルマンディー」としてAOP認証を受けられるチーズは、ごくわずかとなってしまっているのだ。

世界を見わたすなら、「カマンベール」はEU以外の国でもつくられている。日本でも大手乳製品メーカーが、「カマンベール」の名でチーズを生産している。EU以外の多くの国での「カマンベール」は、AOP認証の基準を満たすべくもないのだが、それでもEU外ということで、「カマンベール」を名乗ってもかまわない。本家の「カマンベール」が岐路に立たされているのとは何の関係もなく、消費者をつかみもしている。

「カマンベール・ド・ノルマンディー」の直面している問題は、有名になりすぎた伝統的チーズが、伝統や原産地の意味を失っていくこと、そして、伝統に復帰することの難しさを示唆(しさ)している。

20世紀後半に新たなスターとなった「モッツァレッラ」

チーズの好みや食べ方は、地域によっても変われば、時代によっても変わる。この半世紀で新たなスターになったチーズといえば、イタリアの「モッツァレッラ」だろう。

「モッツァレッラ」は、パスタフィラータタイプの一種という、異色のチーズである。パスタフィラータタイプとは、カード（凝乳）を湯で練ってつくるチーズだ。おかげで、餅のような弾力を持ったチーズになる。熱すると餅と同じくとろけてゆき、餅のように糸をひくところも独特だ。

「モッツァレッラ」は、12世紀頃にイタリア南部のカンパニアでつくられていたといわれる。カンパニアには、「モッツァレッラ」の原料乳を泌乳する水牛があった。その後、イタリア各地に広まっていたが、20世紀半ばまではイタリア国内での知名度にとどまっていた。その「モッツァレッラ」が世界でブレイクするのは、20世紀後半であった。ピザの魅力的な具として知れわたったのだ。

もともとピザは、イタリアではカンパニア州のナポリ周辺で食べられる程度であった。

ただ、イタリア移民の多いアメリカでは、20世紀後半になるとイタリア移民が持ちこんだピザの美味しさを知るようになる。ピザの大型チェーン店が生まれ、そのひとつの目玉となったのが「モッツァレッラ」入りのピザであった。

「モッツァレッラ」は、ピザの熱い生地の上でとろけていて、ピザをちぎると、独特の糸まで引く。この食感と甘味が受け、ピザチェーンが発展するほどに、「モッツァレッラ」も大人気チーズとなっていったのだ。

「モッツァレッラ」チーズは、もともとは水牛の乳でつくられていたが、水牛はそうは各地にいない。そのため、牛乳を原料ともしている。水牛の乳を使った「モッツァレッラ」は、「モッツァレッラ・ディ・ブーファラ」と呼ばれる。牛乳のほうは、「モッツァレッラ・ディ・ヴァッカ」だ。

「モッツァレッラ」はイタリア各地のみならず、世界各地でもつくられている。その一方で、AOP認証の対象にもなっており、AOP認証の条件を満たした「モッツァレッラ」は、「モッツァレッラ・ディ・ブーファラ・カンパーナ」という呼称になっている。

6章 独自に円熟への道を歩んだ日本のチーズ史

古代の日本にも存在していたチーズ文化

ユーラシア大陸でのチーズの歴史は長いが、日本でのチーズの歴史は浅い。日本にチーズ文化が定着していったのは、ようやく20世紀後半のことである。

けれども、それ以前の日本にチーズをはじめとする乳食文化が皆無(かいむ)だったわけではない。武家の世になって断絶してしまったが、古代の日本には乳食文化が存在していた。宮廷のみの文化ではあったが、文献からも明らかになっている。

古代日本の乳食文化は、渡来人によってもたらされたと考えられている。もともと日本にも牛は存在していたが、使役には使っても、搾乳(さくにゅう)という発想はないままだった。そこに、6世紀頃から渡来人が乳食文化を持ちこみ始めたのだ。

4〜6世紀の中国大陸は、南北朝の時代である。華北にあったのは、北魏(ほくぎ)をはじめとする鮮卑(せんぴ)系の国家である。もともと遊牧民族であった鮮卑系は、乳食文化を中国大陸にもたらしていた。それは、江南の南朝にも影響を与えていたとしてもおかしくない。当時の中国大陸には乳食文化があり、それが日本にも伝わってきたのだ。

536年、宣化天皇の時代、摂津に「牧」が開設されている。「牧」とは、牛や馬を放牧する牧草地だと思われる。蘇我本宗家が滅亡する乙巳の変があった645年には、帰化人である善那使主が、孝徳天皇にミルクを献上している。善那使主は孝徳天皇から「和薬使主」姓を賜り、「乳長上」という職に任じられている。孝徳天皇が、ミルクの効用を認めた証拠だろう。

日本に伝わった乳食文化には「酥」、あるいは「蘇」がある。「酥」は濃厚なクリーム、「蘇」は乳を煮つめた食品と推察されている。ただ、日本では「酥」づくりに苦戦し、「蘇」を重視するようになる。奈良時代、平安時代には、宮廷は地方から「蘇」を献上させている。

なぜ、日本の乳食文化は武士の時代に途絶えたのか？

古代の宮廷にあった乳食文化だが、やがて武家の時代になると、途絶えてしまう。武士たちは、宮廷に残っていた乳食文化に見向きもしなかったようだ。

鎌倉、室町、戦国、江戸と続く武士の時代、日本にチーズ文化、乳食文化がまったくなかったのは、さまざまな理由からだろう。

ひとつには、中国大陸の漢族がチーズ文化を拒絶してしまったことだ。すでに述べたように、中国大陸では唐の時代までは乳食文化があったと思われる。けれども、唐の滅亡以降、中国大陸の漢族は異民族嫌いになり、異民族の文化を拒絶していく。そのため、中国大陸には乳食文化は育たないままであった。

平安時代から江戸初期まで中国から日本には、さまざまな食物、食の技術がもたらされた。ただ、中国大陸では乳食文化が消えていたから、日本にも乳食文化が伝わることはなく、武士は乳食文化など想像もしなかったのだ。

たしかに、13～14世紀に中国大陸を制覇したモンゴル帝国の遊牧民は、「ホロート」という硬いチーズを口にしていた。しかし、ホロートは乾燥した環境でこそできるものなので、日本に伝わることがなかった。

仮に、モンゴル帝国の九州襲来時、日本の武士がモンゴル兵を捕虜としたなら、「ホロート」を見つけただろう。ただ、「ホロート」はあまりに硬い。武士たちは、どうやって食べたものかわからなかっただろうし、口にしても感銘を受けなかった可能性が高い。

また、チーズづくりのレンネットには、牛の胃袋やイチジクなどがあるが、仏教が根づいた日本人は肉食を忌避するようになっていたから、死んだ子牛を解体し、胃袋を取り出しはしなかっただろう。また、イチジクが日本に伝わるのは江戸時代のことである。つまり、日本にはレンネットを使用してチーズをつくることができる環境がなかったのだ。

さらに理由を挙げるなら、武士たちに宮廷文化への尊重がさほどなかったからでもあるだろう。とくに食文化にかんしては、尊重がない。

平安時代まで日本で「魚」といえば、コイであった。中国王朝がコイ食を好んできたから、日本の宮廷はこの真似をしていた。一方、新興の武士たちが好んだのは、カツオである。粗野でさえあった武士たちは、淡白なコイよりも味の濃いカツオを好んだのだ。

この武士のカツオ文化から生まれたのが、日本独特の発酵食品である「鰹節」である。鰹節文化は宮廷とはまったくかけ離れたところから生まれていたわけで、武家が宮廷の食文化を吸収しようとも思わなかったから、日本で乳食文化が断絶してしまったのだ。

日本で初めて本格的なチーズを食べたのは、徳川綱吉だった？

日本がチーズ文化とかけ離れていた戦国から江戸時代、じつは本格的なチーズを食べていた日本人がいた。そのひとりといわれるのが、「生類憐(あわれ)みの令」で有名な、徳川幕府第五代将軍・徳川綱吉である。

徳川綱吉が食べたとされるチーズは、オランダの「ゴーダ」と「エダム」である。1691年、長崎出島のオランダ人が、徳川将軍家にチーズを献上していたのだ。

17世紀は、オランダが世界に海洋帝国を築いた時代である。オランダ人の船乗りが世界進出していくとき、よい栄養源となっていたのが「ゴーダ」や「エダム」であった。「ゴーダ」や「エダム」は長い船旅にも耐えられるほどの保存性があり、オランダの世界進出を支えてきた。

17世紀後半、日本は鎖国を完成させていたが、例外のひとつが長崎出島にあるオランダ商館との交易であった。プロテスタントのオランダは、打倒カトリックを目指す国であり、カトリック大国のスペインと独立戦争を戦ってきた。

スペインは日本でのカトリック浸透を狙い、幕府はスペインを忌避(きひ)した。オランダと幕府にとってカトリックは共通の敵であり、オランダがプロテスタントを布教しない限り、幕府はオランダと友好を保つことにしたのだ。

おかげで、長崎にあった幕府の関係者は、オランダ人からチーズの味を教えてもらったと思われる。長崎の話が江戸に伝わり、徳川幕府へのチーズ献上となったのだ。

ただ、1691年の正式の献上品には、じつはチーズは記されていなかったという指摘もある。おそらくは徳川綱吉の側近が献上させていたもので、彼らが味わったのではないかともいわれている。

江戸時代、他にも乳製品に関心を抱いた者たちがいる。そのひとりが水戸藩主の徳川光圀(みつくに)だ。徳川光圀のもとには、中国から招いた儒学者・朱舜水(しゅしゅんすい)があった。朱舜水は、徳川光圀に「白牛酪(はくぎゅうらく)」という食物を伝えたとされる。徳川光圀は「白牛酪」に感銘を受けたのか、水戸藩内に牧場を設けている。さらに将軍・徳川吉宗も牧場を設営し、「白牛酪」をつくらせている。ただ、こうした動きが広がることはなかった。

日本の本格的なチーズづくりは明治時代に始まった

日本で本格的なチーズづくりが始まるのは、徳川幕府が消滅してのち、明治時代になってからのことだ。当時、日本人は欧米の先進的な文明に衝撃を受け、欧米文化の模倣、吸収に躍起(やっき)になっていた。食文化についても欧米式を採り入れ、畜産にも力を入れようとした。その延長線上にチーズづくりもあった。

日本のチーズづくりの本格的な舞台となったのは、北海道である。明治政府は、北海道での農業の振興を目指し、とくに畜産に目をつけていた。現在の北海道大学は札幌農学校として始まっている。１８７５年に函館の官業試験所でチーズづくりが始まっているが、このときのチーズはナチュラルチーズであった。１９０４年には、函館のトラピスト修道院でもチーズづくりが始まっている。

また、乳業としては、１９１７年から１９２５年にかけて、森永乳業、明治乳業、雪印乳業が設立されている。いまにつながる乳産業の動きは、少しずつ始まっていたのだ。

ただし、明治から大正、昭和の途中まで、日本におけるチーズ文化の進展は緩慢(かんまん)なものであった。乳食文化のなかでも、まず日本が優先していたのは、牛乳の安定生産であり、かつ余乳処理のための練乳製造であった。牛乳、練乳にしてもさほど普及してはいなかったから、チーズづくりに回ってくる牛乳の量は推して知るべしであった。

たしかに、１９１４年からの第1次世界大戦にあっては、フランス兵には「カマンベール」が、アメリカ兵には「プロセスチーズ」が支給されていた。日本でもチーズの重要性に気づく者がいたかもしれないが、それは少数でしかなかったと思われる。

牛乳生産の増大が拓いた、日本のチーズ製造の道

日本のチーズ文化が本格的に根づき、育ち始めるのは、日米戦争の敗北を経て、1960年代以降のことである。それは、学校給食を起爆剤としたものだったが、まずその背景にあったのが日本での牛乳生産と消費の増大である。

1960年代、日本では牛乳の消費量が飛躍的に伸び始めた。1966年に200万トン程度に上昇していた牛乳生産が、1971年には280万トンを超える。1976年には330万トン台を突破、1981年には400万トン台に達している。こののち牛乳生産は1990年代に500万トンを超えるが、これをピークに落ちていく。

戦後、日本で牛乳生産が急速に増大していったのは、政府の政策にもよる。日米戦争下、アメリカ軍の空爆によって日本の産業は破壊され、日本では失業者が多くあった。さらに、海外で戦ってきた復員兵にも仕事を提供しなければならなかった。

そこで、終戦を迎えた1945年に政府は「緊急開拓事業実施要領」を策定する。5年間で100万戸以上の新農村が開拓され、酪農、畜産、果樹栽培などが奨励された。これ

をひとつの起爆剤として、日本では牛乳増産の道が拓かれたのだ。以後、日本経済の高度経済成長もあり、日本での牛乳生産は伸びていったのだ。

日本における牛乳生産の急激な増大は、牛乳を日本人に親しみやすいものにした。とくに、子どもたちにとって身近な存在となっていく。

1947年、政府は学校給食に牛乳を導入する。牛乳が多くの栄養をバランスよく含んでおり、子どもの成長に役立つと考えたのだ。当初はアメリカ産の脱脂粉乳だったが、1958年頃から徐々に国産の牛乳が使われるようになっていった。と同時に、余剰の牛乳をチーズづくりに大量に回せるようにもなっていったのだ。

日本における牛乳生産の増大は、日本でのチーズ製造の道も拓いていた。すでに戦前には、大手メーカーがチーズ製造機を輸入していたが、1955年には、チーズづくりに必要なレンネットや乳化剤などの輸入も可能になった。日本のメーカーは「プロセスチーズ」の生産増大に傾注し、1963年には学校給食に「プロセスチーズ」が登場する。健康増進を目的としたもので、その形状や味に子どもたちはとまどったが、すでに牛乳の味を覚えていたこともあり、「プロセスチーズ」もやがて受け入れられていく。

当時の給食にご飯はほとんど登場せず、パンと牛乳におかず、マーガリンやジャムというメニューであった。そのなかで、アルミに包まれたプロセスチーズは子どもたちに欧米の風味を植えつけていった。

1960年代から1970年代にかけて、日本のテレビアニメもまた、子どもたちのチーズ食への憧れを刺激しつづけていた。1960年代、日本ではアメリカのアニメ『トムとジェリー』が放映され、子どもたちを魅了する。アニメのなかではしょっちゅう美味しそうな穴開きの「エメンタール」チーズが登場し、子どもたちはあんな穴開きチーズをいつかは食べてみたいと思った。

1970年代に放映された日本のアニメ『アルプスの少女ハイジ』では、主人公のハイジがトロリとしたチーズを黒パンにのせて、いつも口にしていた。これもまた、チーズがいかに美味しそうなものかを日本の子どもたちに焼きつけていた。

いかに子どもたちがチーズを特別なご馳走だと考えていたかは、1960年代後半に発売された明治製菓（現・明治）のスナック「カール」を見てもわかるだろう。「カール」にはさまざまなタイプがあるが、最初に発売されたのは「チーズ」味だった。子どもたちはスナックを通しても、チーズ味に親しむことになった。

1960年代から1970年代にかけて、日本の子どもたちには「プロセスチーズ」を軸にチーズ文化が根づいていった。子どもたちは、大人よりもチーズの味を知っていたかもしれない。そんな子どもたちが１９８０年代以降に大人になっていったとき、日本のチーズ文化はさらに進展していくことになる。

イタリア料理ブームにより、日本のチーズ文化はさらに進展

１９８０年代から１９９０年代前半にかけて、日本経済は世界最強ともいわれるほどになっていた。１９７０年代に世界は二度の石油危機に直面し、石油価格は高騰、欧米の企業はぐらついていた。そんななか、日本企業は野心的なイノベーション、省エネ、コスト削減努力を続け、１９８０年代には世界的な実力を持つようになっていた。

１９８５年にはプラザ合意が成立する。ニューヨークのプラザホテルに日本、アメリカ、西ドイツ、フランス、イギリスの５か国の財相、中央銀行総裁が集まり、為替についての一定の合意がなされた。結果、円の引き上げが始まり、１ドル＝２４０円程度で推移していた為替が、１９８７年には１ドル＝１５０円前後にもなっていた。

１９８０年代、日本経済の確実な成長と円高は、日本人の行動を変えた。カネと意欲の

ある日本人は欧米を直接訪れ、欧米文化に触れた。円高後は、ふつうの学生までが海外旅行に出かけるようになった。それは、日本のチーズ文化にも反映される。

１９８０年代、日本のチーズ文化の進展の震源になっていたのは、パスタ料理店、イタリア料理店であった。イタリアで本物に触れた日本人シェフの覚醒（かくせい）や、あるいは旅行者からの口コミの広がりもあって、パスタ料理店やイタリア料理店でチーズを使った料理が提供されたのである。

その多くは、「パルメザン」チーズであった。この「パルメザン」のひとふり、ふたふりが、パスタやイタリア料理の味をやわらかく、奥深いものに変えた。すでに「プロセスチーズ」の味を知っていた若い人たちのなかには、店員が「パルミジャーノ・レッジャーノ」をすりおろしてくれる店で、「パスタが見えなくなるまでかけてほしい」とせがむ者もいた。

「パルメザン」の力もあり、日本人はパスタ、イタリア料理を愛するようになった。日本人がとくにパスタを好むほどに、ますます「パルメザン」好きになるスパイラルがあった。

その一方、「プロセスチーズ」も日本人の食生活に確実に広がっていった。１９７０年代から１９８０年代にかけて、都市の街角にはコンビニエンスストアが増え、ハンバーガー店も見慣れた存在になっていた。コンビニエンスストアの定番サンドイッチにもチーズが使われて人気商品となり、ハンバーガー店で供されるチーズバーガーは、トロっととろけているスライスチーズが客の食欲を増幅させる。

そして、両者が地方にまで浸透するほど、日本人の多くはチーズの味をよく知り、チーズのある生活を気に入るようにもなっていたのだ。

すでに世界トップレベルの地位にある日本のチーズ

20世紀後半から今日まで日本でのチーズづくりを牽引(けんいん)してきたのは、大手乳製品メーカーによるチーズである。彼らによって日本にチーズ文化が定着していったのだが、チーズ文化が定着していくほどに、チーズを愛する者が多く現れ始める。彼らのなかには、自分でチーズをつくりたいと考える者もいた。そこから始まるのが、小規模な工房でのナチュラルチーズづくりである。

それは、必然の結果であった。チーズだけでなく、ワインの世界でも同じ現象は起こっていた。まずはアメリカで、フランスワインに魅せられた者たちが、アメリカの地でフランスワインに負けないワインをつくり始めた。

日本のチーズ工房数の推移

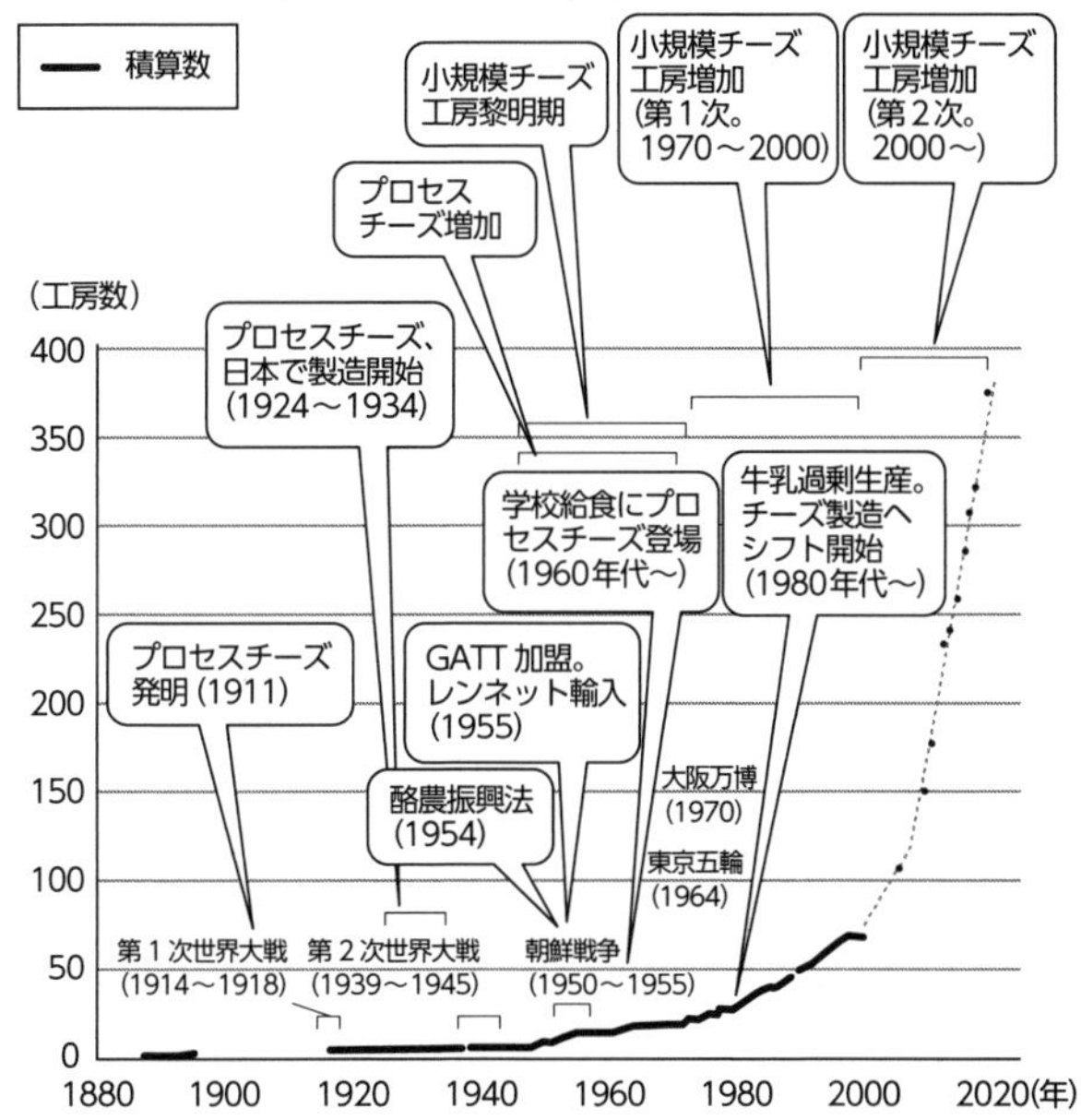

出典：農林水産省ホームページ「国産ナチュラルチーズの現状と国産チーズ工房などの動向（2019年12月）」、C.P.A.資料、国産ナチュラルチーズ図鑑（2000年）を参考に筆者作成

続いては、日本である。ただ、日本の気候は葡萄栽培に向かないこともあり、挑戦の場を国外に求める日本人の姿もあった。

国内でも、葡萄栽培に向かない風土を克服しようとする醸造家が登場し始めた。

日本でチーズづくりに挑もうとする日本人たちは、国内で小さな工房でのチーズづくりからスタートさせた。その数はしだいに増え、2020年には370もの小規模チーズ工房が存在している。

現在、日本の小規模チーズ工房は高い品質のチーズをつくるまでになっている。それを支えてきたのが品質の評価を行ない、優れたチーズを表彰するチーズ・コンテストである。

1998年から中央酪農会議が、「ALL JAPANナチュラルチーズコンテスト」を開催。2014年からはチーズプロフェッショナル協会が、「ジャパンチーズアワード」を主催している。

これにより、日本の小規模工房のチーズは、世界レベルに迫りつつある。実際、世界の主要なチーズ・コンテストで、日本から出品したチーズの受賞も出始めている。

一方、2000年代にはすでに、日本製の「プロセスチーズ」は、世界でもトップレベルにあるとされた。それは、工場製チーズにあっても、日本の職人精神が発揮されている証しともいえる。その職人精神がナチュラルチーズにもこめられていくなら、日本のチーズづくりの未来は明るい。

日本に定着したチーズ文化の未来図とは

1990年代後半以降、日本経済は長いデフレに苦しみ、日本はかつての勢いを失っていった。ただ、日本人の生活がすさんだかといえば、そうではないだろう。先のバブル景気のときには生活の質が向上し、多くの人が海外のプレミアムなチーズに触れる経験をした。

この経験が刺激となり、日本のチーズ食文化は豊かなものになってきている。食品スーパーに行けば10数種類のチーズが並んでいるのが当たり前の光景となり、一般の消費者でもチーズの名称を5つや6つはいえることが日常的になってきた。

都会のデパートの専門店街にはチーズショップができ、ヨーロッパの高級チーズが並び、まるでパリやニューヨークにいるかのように店員と話をしながらチーズを買うことができるようになった。

市場におけるチーズ売り場の拡大によって、日本の消費者はチーズに慣れ親しむようになり、工場製のリーズナブルなチーズから、ヨーロッパ産の深い味わいを醸(かも)し出すチーズまで、さまざまなチーズの味に触れるようになってきた。これらに刺激を受け、国内の乳業メーカーや小規模チーズ工房も奮起し、欧米に負けないチーズづくりに向けて、生産性と品質の向上に汗をかいている。

ただ、生産者がいくら頑張っても、そもそも国内のチーズ生産量自体が少ないため、世界的に見れば、日本はまだまだ国内需要を満たすだけの生産量には至っていない。

２０２２（令和４）年のナチュラルチーズ生産量の世界ランキング１位はアメリカであり、６３７万９０００トンにもなる。続いてはドイツの２４３万トン、フランスの１６８万５０００トンとなる。

日本はといえば、４万６０００トンにとどまっている。日本は牛乳を飲む習慣が根強くあるため、飲用向け生乳の確保が最優先となり、わずかなチーズ向け生乳での製造が続いてきた。そのため、チーズ生産量は市場に影響を与えるほど大きくないのが現状である。

一方、２０２２年の１人あたりのナチュラルチーズ消費量の世界ランキングを見るなら、1位はデンマークの28・３キログラム。２位はフランスの27・４キロ、３位はキプロスの26・３キロと続いている。俯瞰してみると、やはりチーズは西洋の食べものといった感がある。

日本はというと年間２・５キロで、トップグループの10分の１にも満たない消費量である。とはいえ、約30年という短期間で消費量が２倍となったのは、食の洋風化が急速に進んだ結果だ。

そんな洋風化した食文化の需要を満たすほどの生産量がない日本は、チーズ輸入国として世界有数の存在感を示している。

２０２２年の時点で、日本のナチュラルチーズ輸入量はイギリス、ロシアに続いて世界第3位に位置している。主な相手先はオセアニアの2か国で、文字どおりコンテナ単位で加工原料用のチーズや、飲食店などで使われる業務用チーズの多くをオーストラリアとニュージーランドに頼っている。

オセアニアのほか、アメリカ、チリ、アルゼンチンなど南北アメリカやオランダ、ドイツ、デンマークなどの西ヨーロッパ各国、最近では北欧やトルコからも多種多様なチーズが日本に輸入されている。

日本国内でのチーズ消費は、ヨーロッパのチーズ伝統国とは異なる独特なものだ。というのも、国内でチーズは「ナチュラルチーズ」と「プロセスチーズ」の2種類に分けられている。これは、伝統国にはない特徴である。

日本におけるナチュラルチーズの消費量は、２０２３（令和5）年の時点でおよそ１９4万トン。一方「プロセスチーズ」の消費量は１２１万トンと、日本におけるチーズ消費の4割近くを「プロセスチーズ」が占めている。

多くの国ではチーズ消費のほとんどがナチュラルチーズだから、「プロセスチーズ」を常

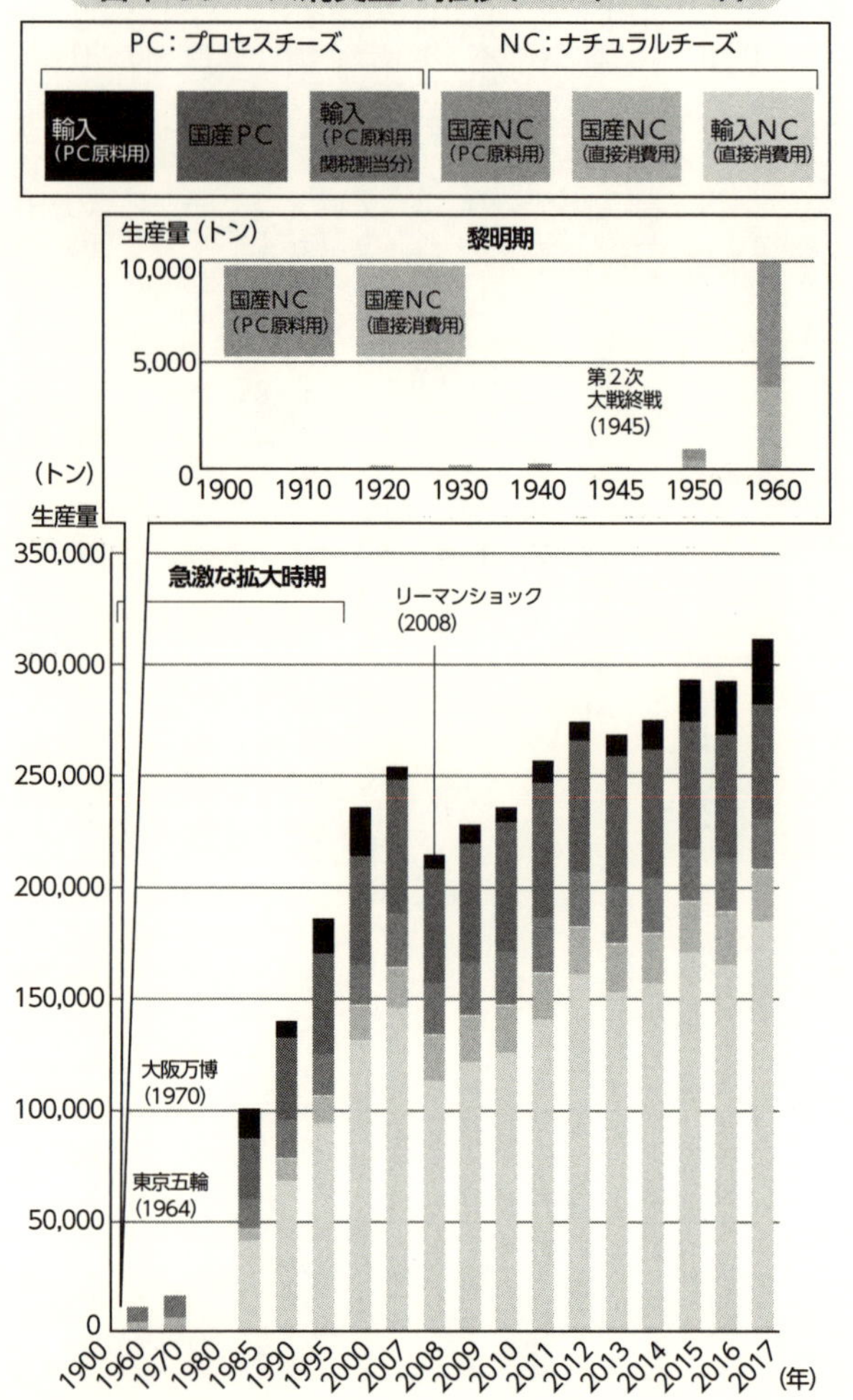

出典:農林水産省「国産ナチュラルチーズの生産量、ナチュラルチーズの輸入量」を参考に筆者作成

食としている日本は世界でも珍しい存在だ。これは、日本におけるチーズの本格的な受容が、学校給食による「プロセスチーズ」提供であったためだと考えられる。

その後「プロセスチーズ」は風味や品質の向上、そして形状も多様化（ポーション、スライス、キャンディなど）することで、日常の食生活に欠かせない食品として国民的な支持を得ていった。その結果、日本の「プロセスチーズ」の技術や風味は、世界をリードするレベルに達している。

一方、ナチュラルチーズの状況はどうだろう。国産ナチュラルチーズの生産量は2023年の時点で4万6000トンとなっている。

その多くは乳業メーカーで大量生産されている「ゴーダ」チーズや「カマンベール」チーズ、「クリームチーズ」などだ。品質が安定しており、一般受けするおだやかな風味を持つこれらのチーズが、市場のすそ野部分を広げ、支えている。

大手乳業メーカーにより大量生産されるナチュラルチーズは、連続式製造装置によって機械的に製造される。風味は「個性的」といわれるのを極力排除する傾向にある。

これに対し、酪農家や生乳を仕入れてチーズをつくる小規模生産者は、いかに個性を出すかを追求し、日々チーズ製造に向き合って、その品質を向上させている。そのなかには前述のとおり、世界規模のコンテストで高い評価を受けているチーズが続々と誕生している。歴史や伝統のない日本では、丁寧（ていねい）な仕事で姿形もきれいなチーズをつくることに全精力を傾けてきた。

ヨーロッパの一部のチーズは、現代の製造設備が開発される前からつくられているものも多く、なかには生乳を殺菌していない場合もある。これらは、土地に由来する微生物などが生乳中に含まれており、適切な熟成や風味を表現するための重要な要素であることが経験的にわかっているためである。現代においても、衛生的な環境や微生物をコントロールする技術によって、その製法の原則は守られている。

ヨーロッパの識者には、日本のチーズについて「とてもきれいな味わいで美味しい。だが、味わいはシンプルで、よい意味での複雑性に欠けている」と評価する声もある。おそらくそれは、日本のチーズがヨーロッパのチーズをモデルにしていることから発せられた言葉だろう。「ヨーロッパと同じにするなら、もっと複雑な風味にするべき。日本のチーズなのだから、もっと日本らしさを出さないと」という意見だ。

国産ナチュラルチーズの製造は欧米のコピーから始まったといっても過言ではないが、いつまでもコピーのままでは根づかない。「カマンベール・ド・ノルマンディー」や「パルミジャーノ・レッジャーノ」は、微生物やカビ、製法など動かしがたい、その土地だからこその「味」が確立されているから、世界的なチーズになった。

明治時代に始まった日本のチーズづくりは、もう十分に世界から技術や思想を学んできた。世界でも有数の環境微生物相が豊かな国土のなかで、さまざまなスタイルのチーズが生まれる時代がすぐそこまで来ている。すでに国産のチーズ用乳酸菌が開発され、日本古来の麹菌(こうじ)を利用するチーズも誕生している。

我々の足元には、日本人が有史以来積み重ねてきた食文化が厚く堆積(たいせき)している。今、足元を見ることが、日本のチーズの未来につながると信じている。

●参考文献

チーズプロフェッショナル協会『チーズの教本2023~2025』旭屋出版、2023年
本間るみ子『もっとわかるイタリア3大チーズ』旭屋出版、2020年
ポール・キンステッド著、和田佐規子訳『チーズと文明』築地書館、2013年
泉圭一郎『チーズ・その伝統と背景』サイエンティスト社、2002年
平田昌弘『ユーラシア乳文化論』岩波書店、2013年
平田昌弘『人とミルクの1万年』岩波ジュニア新書、2014年
島野智之『幻のシロン・チーズを探せ』八坂書房、2022年
庄田慎矢『ミルクの考古学』同成社、2024年
木村利昭、井越敬司、村山重信『ミルク&チーズサイエンス』デーリィマン社、2007年
廣野卓『古代日本のチーズ』角川選書、1996年
トリスタン・シカール著、河清美訳『美しい世界のチーズの教科書』パイインターナショナル、2021年
鴇田文三郎『チーズのきた道』講談社、2010年
マリー=アンヌ・カンタン著、太田佐絵子訳『フランスチーズガイドブック』原書房、2014年
ブリュノ・ロリウー著、吉田春美訳『中世ヨーロッパ 食の世界史』原書房、2003年
アンドリュー・ドルビー著、富原まさ江訳『チーズの歴史』原書房、2024年
佐藤優子『日本のナチュラルチーズ』虹有社、2019年

チーズの世界史

2025年2月18日　初版印刷
2025年2月28日　初版発行

著者◉木樽 博

企画・編集◉株式会社夢の設計社
〒162-0041　東京都新宿区早稲田鶴巻町543
電話 (03)3267-7851(編集)

発行者◉小野寺優

発行所◉株式会社河出書房新社
〒162-8544　東京都新宿区東五軒町2-13
電話 (03)3404-1201(営業)
https://www.kawade.co.jp/

DTP◉アルファヴィル

印刷・製本◉中央精版印刷株式会社

Printed in Japan　ISBN978-4-309-50456-8

河出書房新社

航空管制
過密空港は警告する

タワーマン

頻発する〝空の危険〟を
回避できるか？
元・航空管制官が
真の安全対策を提言！